热带雨林观蝶记

李元胜　著

重庆出版集团　重庆出版社

图书在版编目（CIP）数据

热带雨林观蝶记 / 李元胜著 . -- 重庆：重庆出版社，2024. 12. -- ISBN 978-7-229-19004-0
Ⅰ . Q964-49
中国国家版本馆 CIP 数据核字第 2024YB3662 号

热带雨林观蝶记
REDAI YULIN GUANDIEJI
李元胜 著

策　　划：肖化化
责任编辑：谢雨洁
责任校对：杨　婧
装帧设计：鹤鸟设计

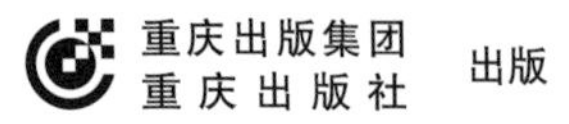

出版

重庆市南岸区南滨路162号1幢　邮政编码：400061
重庆三达广告印务装璜有限公司印刷
重庆出版集团图书发行有限公司发行
全国新华书店经销

开本：787mm×1092mm　1/16　印张：18.5　字数：300千
2024年12月第1版　2024年12月第1次印刷
ISBN 978-7-229-19004-0
定价：88.00元

如有印装质量问题，请向本集团图书发行有限公司调换：023-61520678

目录

蝶影翩翩霸王岭

十多年前的一个傍晚，我独自在海南岛尖峰岭的鸣凤谷观察昆虫，偶遇两位年轻的动物学家。我们都是常年从事野外考察，相谈甚欢，干脆结伴一起徒步。他们中的一位研究溪蟹，一位研究爬行动物，就在我白天仔细观察过的地方，他俩毫不费力地找出螃蟹和蛇来，让人目瞪口呆。直至凌晨，我们才兴尽而归。

第二天早餐后，他们要去别的自然保护区，临别前，年轻人小心取出一个塑料盒，说是在霸王岭采到的一个珍贵标本，让我看看。一只彩色的“壁虎”，从塑料盒里慢慢爬出来，两只硕大的眼睛呆萌地打量着周围的一切，无丝毫畏惧。它的身体在自然光下呈现出黄棕色，但闪光下会略有淡紫色，环状斑纹和黑色斑点非常迷人。

霸王岭睑虎

“太漂亮了！”我赞叹了一声，就本能地举起了相机。但又想起什么，于是放下来：“我可以拍吗？”

“就是特意让你拍的，它的好照片太少了。”两位年轻人友好地说。

我就这样见到了霸王岭睑虎，也由此知道了霸王岭——一个汇聚了无数动植物明星的地方。

此后，再去海南岛之前，我都会看看是否可以去霸王岭。我的本职工作和文学有关，阴差阳错间，脚步总是反复重叠在海南岛的东南角，和西边的霸王岭隔得太远，始终差点缘分。

这次选择海南岛西线寻访蝴蝶，正是为了减少自己海南岛考察的空白——想要填充它们的冲动，十年里时时涌上心头。

一

车在海南岛西线高速公路上疾驰。

我起了个绝早，从儋州出发，开到昌江和接应我的何金龙会合时，时间刚好 8 点。

40 分钟后，我们已进入霸王岭自然保护区的边缘，眼前是一片开阔的谷地，左边有小河从密林深处奔涌出来，右边的灌木和悬崖连接成一个整体的繁茂。

公路上不时有蝴蝶被车轮惊起，怕错过难得一见的种类，我不时停车下去察看一番。又一次停下时，我伸出头看了看左边，立即决定靠边停车——那里有一个横跨小河的桥，桥面上三三五五停着蝴蝶，就像开满褐色花朵的树干。

慢慢走上桥面，靠得近的蝴蝶腾空而起，盘旋一会儿，又到稍远的地方落下。晨光照着桥和下面的小河，也照着空中闪耀的蓝色翅膀。我真喜欢这样的场景，感觉时间只在晨光照耀那一小块里流淌，而阴影里的一切都维持着永恒的寂静。

我拧开了相机的镜头盖，提醒自己开始工作。随着镜头的移动，逐个确认了桥面上的蝴蝶：很不安分地飞来飞去的有两只，一是珠履带蛱蝶，一是宽带凤蝶。其他的蝴蝶，落下基本能待一阵，全是异型紫斑蝶，它们的翅膀偶尔开合，露出正面的蓝色光斑。

异型紫斑蝶

蹲守青粉蝶（何金龙 摄）

没有特别的，我站起身来，转身往停车的方向走。远远就看见车后面有青白色的翅膀闪动，莫非有青粉蝶？我拔腿就跑。在我的记忆里，这种青白色是青粉蝶独有的，而青斑蝶飞起来是纯青色，不会带上白色。

确实是青粉蝶，足足有四只，全是雄的。它们在半崖的灌木上来来去去，像一支忙碌的搜索队在拉网排查，坚决不放过任何一个死角。

它们在忙着找什么呢？总是这样急匆匆到处乱窜的德性，唉，我在海南岛多次见到青粉蝶，却几乎没有抓拍到清晰的照片，这些粉蝶中的异类，有着浑圆、结实的翅膀，似乎能永不疲倦地整天飞行。

“继续进山？”不知什么时候，何金龙出现在我身后，估计已经站了好一阵了。

“我再挣扎一下，看看有没有机会。”

就像是回应我的这句话，一只青粉蝶脱离了搜索队，直接飘向路边，那里有些灌木正在开花。

它要访花了！我尽量轻缓地靠近那里，不惊动起起落落的它。刚蹲好，又飞来一只青粉蝶，它们互相追逐着，也会忙里偷闲，打开翅膀挂在灌木上短暂地吸食花蜜。看出规律后，我抓住这样的时机按下快门，一只

青粉蝶（雄）

青粉蝶（雌）

平摊开翅膀的青粉蝶凝固在我的相机里。

我心满意足地上车，继续往山上开。

不一会儿，车就到了霸王岭雅加景区大门。停车环顾，这是山谷下来的开阔处，有一溪流藏于售票亭后面的树林中，大门内外都有沙地，杂草丛生，野花点点。

“这地方太好了，我要好好搜寻一下。”

“先把车开进去靠边停了，再去寻。”办好手续的何金龙，见我就要锁车，赶紧招呼。

在景区里停好车，一只凤蝶掠过车窗，让我一惊——这不是达摩凤蝶吗！我蹑手蹑脚地下车，关车门都是轻轻的，一路跟着它。

对不知情者而言，我的动作相当诡异，女门卫飞快地拉开门出来，瞪大了眼睛。达摩凤蝶就在我和她之间盘旋，然后不见了，只剩下我们两个大眼瞪小眼，场面相当尴尬。

“我在追蝴蝶……”我指了指飞远了的凤蝶。

达摩凤蝶

“哦，还以为有蛇。”女门卫松了口气，缩回屋里去了。

无尾突的达摩凤蝶，是著名的观赏蝴蝶，翅的正面和反面色差很大，反面尤其漂亮——前翅黄色黑色斑相间，后翅还多一组棕黄或棕红色的斑纹。因此，它的形象经常出现在世界各国的艺术品和邮票中。

草丛中，我一共找到三只达摩凤蝶，都是残的，只好悻悻回到车边。时间才 9 点过，阳光并没有铺满整个区域。或许，应该晚点再来。

车继续前行，我保持着很低的速度，有时比人行还慢。我隔着车窗，清点着我们所经过的蝴蝶，罗蛱蝶、幸运辘蛱蝶、白带锯蛱蝶……车道两边树林很密，水声潺潺，我们还路过了一处路口，那里有更幽静的小道，从方向看很可能通往溪河边。

一只蝴蝶像彩叶在空中盘旋，在树上稍作停留，又继续往下飘落。当它在地面停定后，我看清楚了它棕红色的翅面及整齐的白斑。穆蛱蝶！新鲜完整的穆蛱蝶！我在心里轻呼一声，赶紧靠边停车。

穆蛱蝶

因担心惊动蝴蝶，小何坐在副驾位不动。我提着相机远远地瞄准。那是公路的一个拐弯处，路面有落叶和车轮辗碎的无名果实，正是它们的气味把穆蛱蝶从树上吸引下来。

它在地面上小跳着前进，有时竖起翅膀，有时平摊，仿佛在糖果面前蹦蹦跳跳的孩童，人类眼里的肮脏的路面，反而给它带来了爆裂般的快乐。它的开心彻底感染了我，我不忍心打扰它小小的欢乐，远远拍了几张，就轻手轻脚离开了。要知道，这可是我一直想要仔细拍好的蝴蝶，它的华丽令人迷恋，而它的反面我从未拍到。真正喜欢蝴蝶的人，应该能理解我在那个瞬间的克制和退让。

这条路的终点是山顶，但有保护区的关卡拦路，车只能左转停到山庄前面去。

何金龙忙着去了解客房、餐厅什么的，我就悠闲地提着相机在院内

鹤顶粉蝶

走走停停，靠近水池那一带，种了两排扶桑，花开正好，红红的倒映在池水里。

凤蝶怎么会错过盛开中的扶桑花呢？足足有十多只凤蝶翩翩来去，各自使出绝招吸食花蜜。也有眼拙的，直接冲着水池的倒影飞去，眼看要撞到水里了，才急转拉升起来，姿势依旧保持着优雅，仿佛什么也不曾发生。我看得笑出声来，原来凤蝶里也有“二货”。

我观察了一阵，都是常见的，玉斑凤蝶、宽带凤蝶为主，就转身离开。在停车场的阴影里，先后发现了蒙链荫眼蝶和鹤顶粉蝶，后者在积水里畅饮正欢，远不像平时那样敏感。

鹤顶粉蝶翅膀闭合时深藏锦绣，形如枯叶，但它一旦开翅，就会露出翅角耀眼的橙红来。它飞起来的时候，那团橙红一闪一闪，好看极了。

给小何讲了一通鹤顶粉蝶后，我们沿上来的车道往下走。一路上全

鹤顶粉蝶

是幸运辘蛱蝶，从来没想到这种蛱蝶在霸王岭密度这么大。但是，密度大，只意味着肉眼观察机会多，想用相机记录，却没什么机会，它们太活跃了，即使下地也是沾一下地面就跳起，让你正在对焦的镜头里瞬间空白。如此重复一阵后，我起身放弃。

距离午饭时间还早，我建议取车直接开回景区大门，这个时间点，那里的蝴蝶会很多了，说不定会有一两只九成新的达摩凤蝶呢。

只过了一个多小时，大门内外的开阔地完全是另外一幅景象，平坦的草丛上蝴蝶来往，热闹非凡，售票亭及门岗的后面，同样有中小型蝴蝶起起落落。女门卫已经习惯了我们的寻蝶，对我们进进出出不闻不问。

我开始了高效率的工作。第一件事就是把一大一小装满落叶、水已经发黑的水桶，提到路边向阳处分批倾倒，我对这个过程中散发出的强烈腐败味非常满意。相当于只用了两三分钟就顺手布置出了一个诱蝶点。

接着，我快速记录了安静地停在地上汲水的蝴蝶，它们分为几处，总共记录了 7 种常见蝴蝶，黑脉园粉蝶的品相在其中算是比较好的，就

黑脉园粉蝶

霸王岭上某山庄的窗景，铁窗也锁不住的热带雨林

在它身上多花了点时间。

大约 15 分钟后，走向烈日下的草丛，寻找达摩凤蝶。

果然，早起的都是我这样的残破中老年人啊，睡完懒觉的美少女们终于出现了。一只近乎完美的达摩凤蝶，矜持地穿过几只玉斑凤蝶，落在草丛间的沙地上。

草叶遮挡住了视线，没法拍摄，我默默靠近，等着它起身访花。

阳光，很快就穿透了我顶在头上的皮肤服，仅仅几分钟，就感觉自己不是蹲在草地上，而是蹲在某个燃烧的锅炉里。

我继续举着相机，保持着随时按下快门的状态，不敢整理紧贴在后背的衣裳，因为任何一个微小的动作，都可能惊动这只蝴蝶。

还好，又过了几分钟，达摩凤蝶终于起身，落在了距我更近的野花之上，还给了我角度极佳的正侧面。

刚拍完，又有一只彩蛱蝶飞到附近，我不敢恋战，迅速撤退到售票亭旁边的林荫下，一边喝水，一边把凉水洒在头上、脸上，帮助身体稍稍降温。

现在是去看诱蝶点的时候了，那些腐败树叶水是否真有蝴蝶喜欢呢？我也很好奇。

远远看过去，泼过水的地面已经半干，有一些小型蝴蝶弄蝶灰蝶之类。待到稍近，我不禁大喜过望——一只完好的燕凤蝶在那里快乐地抖动着尾巴，像骄傲的小公主。

沉迷于汲水的燕凤蝶，是最容易接近的，我很轻松就拍了一组照片。

回头一看，何金龙也同样好奇诱蝶效果，来到了我的身后。

“世界上最小的凤蝶，燕凤蝶，很难有机会接近的，你拍一张嘛。”我一遍遍做他的工作。

小何这才勉为其难地蹲下去，用手机拍起蝴蝶来。

餐后，小何问我是否要午休，我连连摇头，在霸王岭的每分钟都很宝贵，我可舍不得用来睡觉。

看他一脸倦意，力劝他回房休息，我正好体验一下独自刷山的快乐。

“我怕你不熟悉路。”何金龙有点纠结。

燕凤蝶

娥娆灰蝶

“线路图我都用手机拍了，这里又是旅游区，放心吧。”

本地人终于被我说服了，略带纠结地回了房间。我背上双肩包，兴冲冲地往栈道方向走去。

山庄的客房是分散的，由小路互相连接，栈道口正是小路汇聚的地方。林荫下，只见栈道口有碎片般的蓝光在闪烁，不用说，这是有灰蝶在那里飞舞。正面翅带蓝光的很多，比如相当常见的雅灰蝶。想到可能是雅灰蝶，我没打算停留，准备直接进栈道。

但是，这只灰蝶突然停在了入口处的灌木上，个头比雅灰蝶略大。定睛一看，竟然是娥娆灰蝶。霸王岭就是不一样，随便停下来的一只灰蝶都不可低估，娆灰蝶属是热带蝴蝶中的大家族，海南岛有十多种。百娆灰蝶翅正面有一对蓝色斑，飞起来亮闪亮闪的，它算是娆灰蝶家族中比较容易见到的种类。

当时微笑着的我还不知道，和霸王岭娆灰蝶家族遭遇，这只是一个开始。

又一次看到了幸运辘蛱蝶，可能因为是正午，它躲进了林荫中的栈道，在有水渍的木板上吸水。它翅膀紧闭，尤如一只贝壳，反射出淡淡的类似荧光的色彩。

看它似乎不急着离开，我干脆一屁股坐在了木板上，看了好一阵才举起相机。记忆中，不曾有过与这种蝴蝶安静相处的时刻，不管在西双版纳，还是海南岛，我见到的幸运辘蛱蝶个体都活跃极了。

栈道往下延伸，通往水声激荡的溪流。蝴蝶从来喜欢潮湿的溪岸，我加快了脚步，脑海里不断闪现之前见过的溪边的蝶群，生态这么好、拥有众多湿地的霸王岭，该不会例外吧。

但是，例外了，阳光外的溪畔，有潮湿的岩壁和岸边石堆，只有一只珠履带蛱蝶在孤独地起落。我前后左右看了看，似乎又明白了。这是林中狭窄而幽深的溪谷，并不是蝴蝶们最喜欢的开阔溪谷。

幸运辘蛱蝶

从山庄到溪谷的栈道，上上下下，一直通向山顶

山谷清凉处，蝴蝶在树冠上活动，人在下面只能偶尔看见翅膀闪过

栈道走完，还有幽深的步道可供徒步

观赏了一会儿景致，我顺着栈道慢慢往山上走去。

一直走在树荫里，人很舒服，但观蝶却并不顺利，可能是栈道上常年人流量不小，本来应该喜欢这个环境的眼蝶我一只也没看到。透过头上枝叶的缝隙，倒不时看到有蝴蝶在树冠上活动。

那就加油先上山吧，我喝了口水，提速向前，不断超过其他游客，很快就随着栈道进入树冠区，视野变得开阔，终于也能看到蝴蝶了，陆续确认了五六种，虽然没拍到满意的照片，但宜人的风景里逍遥看蝶已经让人欣喜。

走到栈道和步道的交叉处，我放弃了继续向上的栈道，左边的步道落叶堆积，脚印稀少，很显然更适合我寻蝶。

像是为了鼓励我的选择，没走几步，路边的灌木上就出现了两只灰蝶，一只是波灰蝶，几乎没停，另一只是我在栈道口见过的娥娆灰蝶，难得的是，它飞了一阵，竟停到有阳光的地方摊开了翅膀，露出了耀眼的蓝色，这还是我第一次看到这个家族开翅晒太阳，不禁啧啧称奇。

娥娆灰蝶露出了正面的蓝色斑

黄绢坎蛱蝶

黄绢坎蛱蝶——一种小型蛱蝶——统治了近百米的步道，大约有四五只，人稍靠近就飞起，然后倒吊在树叶下继续保持警觉，如此不断重复。实在不明白，它们为什么都喜欢玩这个游戏，我记得这本是某些弄蝶的习性，你们可是堂堂的蛱蝶呀！

在一个路口，有一小堆砂石泡在水里，有好几只白翅尖粉蝶凑在一起汲水。这种粉蝶，其实在此之前我见到过几次，但都有点残破，唯有这一只称得上十成新，应该是羽化不久的。初生牛犊不怕虎，其他的同伴都被我的脚步惊飞了，它仍然泰然自若地继续大吃大喝。

尖粉蝶属，是我比较偏爱的，有些颜值很高，比如灵奇尖粉蝶，又比如红翅尖粉蝶。正这样想着，前方红翅一闪，正是熟悉的红翅尖粉蝶。

很可能，它刚才也在那里汲水，只是它更敏感所以更早地飞走了，我才没有看见。

白翅尖粉蝶

红翅尖粉蝶

还有机会，我快步追了过去，远远就看见它收翅停在了比我更高的一处树枝上。

到它下面后，我高高举起相机，利用相机翻转屏作参考，终于拍到几张清楚的照片。我立即回放研究，发现它的反面和我在云南看到的区别挺大，记得看过一个资料，说红翅尖粉蝶有好几个亚种，看来，我碰到海南亚种了。

接连看到两种尖粉蝶，还是挺神奇的，这条步道比刚才走过的栈道好太多了。就算比风景，也各有所长，栈道移步换景，幽谷山峰，视野开阔，但步道的小景也能与之匹敌，常有巨石耸立，树根裸露，令人仿佛置身于巨大的盆景之中。

我低头想了一下，又回到那个路口，扩大了搜索范围，“走三家不如坐一家”，古谚语用在探访蝴蝶上，也挺有用。这一次，在距路口不远处，我发现了一只我从未见过的柱菲蛱蝶。

据蝶友们介绍，柱菲蛱蝶分布窄，海南容易见到，果然，我也是在霸王岭才一睹真容。仔细观赏了一下，只见它前翅中室的白色棒纹，像

柱菲蛱蝶

车到一家农户门前，摄制组开始下装备，看来接近蝶群点了

被刀劈一般整齐断开，被劈下的尖头还飞得挺远的，实在有趣。

前面是竹林区，还是没见到眼蝶，倒是有环蝶不时掠过路面，潜入下面的林中。

左边出现了一处滴水崖壁，周围的空气吸到鼻腔里也凉丝丝的，我仰着脸看了一阵，突然觉得有什么不对——为啥灌木上方立着几片枯叶？换了个角度，再看，不禁笑了。原来，这里聚集了好几只红翅尖粉蝶，可惜位置太高，没法拍摄。

这时，一辆下山的车停下。有位小伙子从车窗里探出头来，问我在干啥。

“拍蝴蝶。”我简洁地回应了一句。

“好巧，我们也要去拍蝴蝶。”他有点意外的样子。

“你们去哪里拍？”我顺口问了一句。

“景区外，河边，一处有蝶群的地方。”

他这么一说，我瞬间想到前几天在网上搜索霸王岭信息，看到《海南日报》发表了一组霸王岭的蝶群图，其中有一只穹翠蛱蝶（短尾型）让我相当眼馋，赶紧问道：“是不是前几天网上那组蝶群照的地方？”

“是！”回答很干脆。

“带上我，带上我。”进霸王岭大半天了，我还真没找到那组蝶图的环境，原来是在景区以外。

我就这样挤上了陌生人的车，和他们一起下山去了。这是南海网的一个纪录片拍摄团队，他们在保护区拍摄的题材之一就是蝴蝶。

到了山庄，我开上自己的车，跟着他们继续前行。

前面的车到我早上第一次靠边停车的地方，停了一下，竟然右转上了桥，径直向对岸驶去。

我一边跟上，一边眯着眼，顺便看了看桥面，烈日暴晒下，已经没什么蝴蝶了。我心里不禁涌上来一个疑问，蝶群不是常常都在上午出现吗，在晨光刚照到地面的时候，如此烈日下会有蝴蝶群聚？

他们人多，用的是一辆商务车，底盘偏低，在时有石块凸起的土路上开得很慢。

晃晃悠悠开了一阵，我们来到一座小水电站旁，上面还有一户农家。

包括我在内，所有人都换上了加长雨靴，然后顺着一条几乎看不见的小道往河谷里走。

我对蝴蝶更敏感，刚走几步，就叫停了前面的人。就在路边的潮湿处，一只绿带燕凤蝶正在汲水。

上午我拍到了燕凤蝶，一天之内，见到两种燕凤蝶，是我未曾经历的。

两种燕凤蝶外形相似，一般人很难区分。我个人辨识它们的秘诀是看它们的透明部分，只有“大窗”的是绿带燕凤蝶，“大小窗”都有的是燕凤蝶。

拍视频，比拍照片所花时间更多。他们工作的时候，我前后打量了一下环境，原来，这里是两条小河的交汇处，藏在山丘后的这条小河被一个大坝阻挡后，下面形成浅滩和石堆，浅滩有蝴蝶飞舞，但并不成群，也很少落下吃水。

看了一阵，我终于恍然大悟，他们说的“太阳越大，蝶群越多”，看上去违反常识，却还真是这里的规律。大坝是阶梯形的，中间有数米宽的平台，上面有沙堆和浅洼，重点来了——由于大坝的南边是山崖，

绿带燕凤蝶

绿带燕凤蝶汲水

即使正午，这些沙堆仍能躲在山崖和树林的阴影中。烈日炎炎，这个潮湿的角落正是绝妙的“清凉餐厅”，就像人们会找空调房待着一样，蝴蝶们自然会群聚于此。

我们涉水而过，艰难地来到这个平台附近，果然见到青凤蝶组成的小型蝶群，散落各处的还有白带螯蛱蝶、文蛱蝶等十来种蝴蝶。没有见到穹翠凤蝶，我略有失望，但还是非常庆幸能偶遇摄制组，否则我自己是不会找到这奇妙的观蝶处的。

配合他们工作了一会儿，想着时间宝贵，我就先撤退了。黄昏前，还有几处我看好的点值得观察。

第一处便是我们两车来时经过的一个沙地，我亲眼见到前车过时，惊起蝴蝶纷飞。有一只蛱蝶似乎陌生，以蛱蝶的习性，很可能现在已经回到地面了。

还有 20 米，我就提前停了车，提着相机慢慢靠近。

那里是一处水坑，我们的车经过时，把里面的水泼溅四处，形成了更大范围的潮湿沙地，此时，已吸引了一个小型蝶群。

我一眼就看到一只和刚才惊鸿一瞥类似的蛱蝶，原来，只是一只此行见过多次的幻紫斑蛱蝶。其他蝴蝶中，最有观赏价值的是一只翅形完整的绿凤蝶，其他的主要是迁粉蝶、白翅尖粉蝶和一些灰蝶。

绿凤蝶我虽多次偶遇，但每次都会好好观赏，尽全力拍摄，绿凤蝶属的所有种类都自带仙气，卓然不群。

但这一次，我并没有太好的拍摄机会，它挤在粉蝶和灰蝶中间，只把尾突举到空中。看了一阵，我干脆大胆伸出手指，一只一只地拨它前面的蝴蝶，把它们暂时赶走。好不容易，其他蝴蝶都飞起来了，正当我按下快门时，它突然跳了一下，正侧面变成了斜侧面，接着又腾空而起，

青凤蝶蝶群

追随其他蝴蝶飞走了。这大胆的操作最终只成功了一半。

至此，我默默统计了一下，进山以来见过的蝴蝶已有 80 多种，这是一个非常惊人的数字。

晚餐后，体力消耗空前的我，在床上平躺着休息了好久，晚上 8 点左右，感觉体力有所恢复，便又拿上手电和相机出了门——我想碰碰运气，看能不能在附近的灌木中找到睡觉的蝴蝶。

就在我出门的半分钟前，门口小道旁，一条小蛇钻进石缝里，当我看到时它只留下一小截蛇身和尾部。遇到这种情况，换一个调皮的家伙，比如福建的大护生，早就伸手捏住它了，可以慢慢将它拖出来验明“正身”。对于蛇，我多数时候只拍不上手，确实也错过了很多机会。

往外走了几十米，就发现情形不对，风声呼呼，树木枝叶摇动，寻蝶变成了不现实的事。我想了一下，径直朝白天发现鹤顶粉蝶的地方走去。

迁粉蝶

那里有草坪，地势相对低的草坪，或许会有灰蝶停于草尖，相对来说不太受风的影响。

手电筒光，一行一行地扫描着草地，我微眯着眼，在强烈的光线里寻找着那些藏于黑暗中的小翅膀。

没有。还是没有。整个草地快扫完了，仍然一只也没有看到。只剩下最后一个角落，由于开的是最强光的一档，手电筒已经微微发烫。我和手电筒都坚持着，一行一行地继续扫。

终于，一只，两只……更多的小翅膀被我找到。草地是斜坡形的，坡顶是一排灌木，而这里的草尖上，停着很多小灰蝶。

我没有表现出任何喜悦，因为它们看上去就是最常见的酢浆灰蝶。我有点灰心地蹲下，随意拍了几张。

受限于自己的水平，现场我并没看出来，其实并不是酢浆灰蝶，而是毛眼灰蝶。它们和前者虽然形近，但靠近翅膀外缘的斑纹很浅，像打印机打印到某处时没墨水的样子。

毛眼灰蝶

二

早晨，我被窗外的阳光戳醒。这不是夸张的表达，因为我的脸上很明显地感觉到了它的温度和重量。一看手机，竟然已经快 8 点了，我还计划着去看晨光中起得最早的蝴蝶呢。

我的闹钟设的是7: 30,但是它的反复鸣叫,对睡得太沉的我全无用处。

我们匆匆吃完饭就出发了，我的计划是上午再次观察大门开阔处、大坝这两个重点位置，然后带上干粮，直接去霸王岭的白石潭景区，据说那里开放的区域小，大半天应该够了。

车刚开出几百米，就停下了。在我们的左边，一棵高大的火烧花树沐浴在晨光中，犹如一团闪烁着金黄光芒的朝霞。虽然比不上盛花期，但紧贴着树干开放的火烧花仍像燃烧的火苗，与晨光交相辉映，灿烂无比。在这彩色云团的边缘，有好几只玉斑凤蝶、美凤蝶、宽带凤蝶来回飞舞，

玉斑凤蝶与火烧花树

兴奋异常地吸着花蜜。接近云端的华丽餐桌，色彩拉满的氛围感，换做谁都会兴奋。

虽然都是常见蝴蝶，但画面太美，我呆呆地看了很久，竟然不舍得走。

第二次停车，是看见了一只陌生的眼蝶，翅面全黑，似有白斑。它太敏感，我还没靠近，就飞进了灌木丛里。等了一阵，不见出来，我只好悻悻上车离开。

第三次停车，自然是大门处。

刚下车，女门卫就冲着我说："今天我一来就看了，没什么蝴蝶。"

其实恰恰相反，在大门附近飞的凤蝶少，并不意味着其他蝴蝶少，此时，朝阳斜插进屋侧的棚下，那里闪烁的蝶影已被我注意到了。

一只新月带蛱蝶霸占了棚下滋生着青苔的地面，它一边吸食一边转圈，仿佛在温习某种舞蹈，感觉舞蹈线路是 8 字形。

幸运辘蛱蝶保持着它们惯有的神经质，和地面接触不超过 5 秒，但又并不远离。它们的活动范围大，棚下只是偶然来一下。

看了一会儿这两个"二货"，我的视线就被一只匆匆飞过的灰蝶吸引住了，它的正面是海蓝色，闭合后是灰色，反面看着像大号的生灰蝶。莫非是旖灰蝶？我想起了曾经在云南勐海县的一次偶遇，那海蓝色的翅膀真是美得惊心动魄。

它太活跃，几乎飞个不停，在墙壁和草丛间来回乱窜，我尾随时保持着距离以免惊动它。这样的状态持续了四五分钟，它才终于在草叶上停了下来。我移动到它的正侧面，蹲下来，透过草叶的缝隙，在它离开前及时按下了快门。此时，我使用的是焦段为 100-400mm 镜头，草丛中的拍摄其实是这支镜头的短项，但我实在来不及换镜头了。回放，确认是旖灰蝶。

还是棚下，新来了一个明星蝶红斑翠蛱蝶，是个头小小的雄性，小得不像翠蛱蝶了。雌性更大，反面更为惊艳，不过，我在野外只见过一

新月带蛱蝶

幸运辘蛱蝶

旖灰蝶

红斑翠蛱蝶

红斑翠蛱蝶

只残的。

它飞行的起落和转身灵巧而坚定，可以说把蛱蝶对力量的精准控制能力发挥到了极致。我敢说，它的这类飞行天赋接近天花板，是人类飞行器怎么仿生也仿不出来的。

在这个小区域，最后还拍了一只异型紫斑蝶的雌性。然后，我在大门内外巡察了一圈，没有发现特别感兴趣的目标。

上午 10 点，我把车停到了小水电站旁边的农家，和小何兴冲冲地向水坝下的河滩走去。

和昨天下午不同的是，浅滩上到处都是吃水的蝴蝶，绿带燕凤蝶就有三只。

没有加长雨靴，我就踩着从急流中凸出水面的石头到对岸去，一路身体都东倒西歪的，我做好了一旦失去平衡就直接踩进水流的准备——水不深，无非就是鞋裤泡水，但一定要保证相机的安全。

异型紫斑蝶

上午的凤蝶群

回头看，小何并未跟过来，体形略胖的他选择了在树荫下休息。

到了坝前，我眼前一亮，阳光下、阴影中都有蝶群，最下方的凤蝶群最为精彩，被我惊动后仍有近30只聚集在流水处，主要是青凤蝶和绿凤蝶，也有形似斑粉蝶的蝴蝶在附近绕飞。

简直太羡慕这个地方了。如果我住在附近，一定每个月都来几次，感觉它不亚于我在西双版纳布朗山发现的那个观蝶点，在观赏、记录蝴蝶方面会同样事半功倍。

那只粉蝶几度欲停，最终还是飞走了，在我跟踪它的过程中，几处蝶群都被惊扰，它们又在别的地方重新聚集。在蝴蝶纷飞中移步穿行，有如置身梦幻中，特别不现实。我提醒自己：时间宝贵，不可梦游。于是，我集中注意力，蹲下来仔细观察，挑选翅形完好、种类相对特别的蝴蝶拍摄，特别是当它们落单时，平日很难接近的统帅青凤蝶、银钩青凤蝶，都被我陆续收进相机。

银钩青凤蝶

统帅青凤蝶

在河滩大约待了40分钟，我反复检查，确认没有漏掉重要目标，才又回到急流边，踩着石头过河。

得赶去白石潭了。我们在经过的小集市上买了馒头和水果，这样可以节约1小时左右的午餐时间。

白石潭景区和我想象的还真不一样。听这名字，似乎是亲水景区，游人可以沿溪谷进山，如果溪谷够开阔，应该很适合寻蝶。结果进了景区后，车道盘旋向上，一直在爬山，两边树木森森，半点水光也无。

开了几公里，我把车停在路边，下车进了一条步道，慢慢往里面走。一路都有蝶，比较常见，密度也不大，所以走了200多米，我就放弃了。接下来我也就不再停车，一直开到保护区的哨卡前。里面只能步行，向护林员咨询了一下，还必须按规划的旅游步道环行，其他区域是不能进的。

哨卡处有溪流，水从密林深处出来，从桥洞穿过路面，再往下跌落成散乱的水瀑。我看了一阵，感觉在哨卡的建筑和溪水之间的那些空地，应该对蝴蝶很有吸引力，但有铁门把守，不方便进入。

我们沿步道往里走，这是半山公路，连晴之后空气很干燥，树叶都有点焉。除了几只常见灰蝶，什么也没看到。走了一阵，前方山壁上的接骨草正在开花，吸引来了一只碧凤蝶，却不见别的蝴蝶。

“风景宏阔，正好午餐。”走到观景台时，正好是12点，我笑着说。

两人坐在亭子里开吃，眼前是无边的热带雨林，这景色下酒都可以，只吃点干粮、水果，还真可惜了。

吃到一半，我想起什么，放下食物，用旁边水管的软管浇湿了几平方米的地面才回来接着吃。这点阳谋，小何已经明白，摇了摇头：“这里没什么蝴蝶。”

“谁知道呢。”我笑着说。

碧凤蝶

竟然还是来了两只，而且正是风大的时候，一只彩蛱蝶，一只棒纹喙蝶。

彩蛱蝶在海南常见，就不说了。喙蝶的下唇须向前突出，有如鸟喙。“棒纹”的得名，则是其前翅中室黄斑与外侧斑紧密结合成棒形，不过，很难见到它们开翅，只能从反面隐隐看到棒形纹。

我把小何留在亭里休息，自己背上包开始巡山，其间还偶遇骑摩托而过的护林员。看过见血封喉树，我就转身进了步道，远处有穹翠凤蝶（短尾型）飞飞停停，我勉强拍了几张照片，作为资料留着，也算是在霸王岭见到了此物。

步道林密闷热，光线阴暗，寻蝶困难，但要说风景那就太值得了。昨天在雅加景区，见到巨石与根的组合，很震撼，但和这边比起来，还

棒纹喙蝶

观景台与见血封喉树

观景台远眺

霸王岭生境

霸王岭的树根也能成景

只能算小巫见大巫。这条线路的景观，堪称巨石与根的奇异博物馆，走南闯北的我也毕生未见——有时树根如瀑倾斜而下，有时如筐形包裹石头，有时又如伞形放肆地放开、形成和树冠几乎对称的倒置的树形……巨石和根，在这里变成两个被选中的单词，上苍在这里造句，从机巧玲珑到气势磅礴，变幻无穷，令人叹为观止。

走出步道时，一身衣裳已经汗湿，与小何会合后，我走到哨卡旁坐下休息。

其间，我故意到阳光下站了一会儿，晒了晒衣服。因为和护林员交流过，过一会儿，干脆穿过虚掩的铁门到了屋后。

这里是一个小溪谷，果然蝴蝶不少，刚进入，我的脚步就惊起几只异型紫斑蝶和白翅尖粉蝶。我没有理会它们，目光锁定了一只空前活跃的灰蝶，即使一直在空中，我也看到它长长的尾突竟然是黑色的。

实际上在步道入口处，我已见到两只，它们纠缠不休，感觉是在争夺领地。当时距离比较远，我误以为是鹿灰蝶。

心里一阵小激动，我尽量让自己平静，稳稳地举起相机，等待着机会。

它没让我久等，很快就在树叶上停下来了。这一次彻底看清楚了，除了翅膀是黄色，其他部位都是黑白两色的组合，原来是三点桠灰蝶。

三点桠灰蝶

我到此地两个多小时，却也混成了东张西望、啧啧赞叹的普通游客，直到我拍到第一个有价值的目标，恢复了寻蝶人的身份。

溪谷里色螅不少，我都忽略了，专心在蝶影中辨认着。扫描了很多次，我盯上了一只陌生的黑色蝴蝶，它停下的时候喜欢平摊翅膀，好不容易才看出来是一只眼蝶。

可惜，它没给我太好的机会就遁了，只远远拍到一张照片。但已经足够，我认出了它就是早晨第二次停车时看见的那种眼蝶，黑色翅膀上有着白色的圆斑及线纹。

两次偶遇的是非常罕见的眼蝶黑眼蝶，我查了一下，这个种近年的发现报告都在海南岛。黑眼蝶属在我国虽有 3 个亚种，见到却都不容易。

时间还早，我和小何讨论了一下，都觉得景区植被这么好，应该有更好的寻蝶处。我最后这么总结的："得往下走，寻找尽量靠近溪流的地方"。

车调头后，我开得很慢，才几百米就发现了一个下行的岔道。我判断此路通向护林员们住地之类的地方，说不定车到尽头会有步行到溪边的小路呢。这样一想，我果断向右拐进了岔道。

几个转弯之后，就开出了森林，前面变得开阔，一排简易平房立在

黑眼蝶

路边，它的背后，是倒映着蓝天白云的湖水。

“竟然有一个湖！”我们两个大吃一惊。

平房一直到湖边，都是灼人的阳光，而崭新的路还在往前延伸，我继续开车，就顺着路绕到了平房的背后，那里有一个桥连接着对岸。左右环顾，只见屋后有一个洗衣台，有一个少女正在努力搓着什么。

“小妹妹，这桥能开车过去吗？”我开了车窗，侧身问道。

少女一阵点头，还很肯定地伸手做了一个请通行的手势。

我们一阵风似的就到了对岸，实际上，我们经过的就是大坝附近，探头一看，下面落差很大，也没有浅滩之类可去。

只好继续往前开，不一会儿，就进入了一片树林，我又往前开了几公里，又出现了建筑和人工湖，但植被还不如刚经过的一段。寻路到现在，已无别的选择，我们调头往回开，在路面宽阔处停下，我把在这个景区寻蝶的最后希望寄托在这段路上了。

小何对蝴蝶兴趣不大，有点眼皮沉重的样子，我让他在车上休息，独自下去搜索。

这条路生态绝好，一边有溪水隔着树林流淌，一边是长满杂灌的岩壁，重要的是路面几无车辙，未经过多的打扰。

一只灰蝶在前面扑扇着，停在了路的中央。看着像一只雅灰蝶，我就没有停下脚步，近到完全能看清楚时，才发现它的前翅尖角形，是热带有的尖角灰蝶。

尖角灰蝶

还好，我冒失的脚步并没惊动它，不敢再靠近了，我蹲下来小心地按下了相机快门。

后来我才知道，我按下了这次快门的同时，也同时按下了一个神秘的机关，这条不得已选择的路自此悄悄变幻，成为了梦幻级的灰蝶小道。

一只硕大的灰蝶，侧停在路边的灌木上，反面旧暗，后翅除了尾突还有一明显突起。我想起在网上见过，名为昴灰蝶，不过网上的反面多为棕色，我分析眼前这只略有差异的很可能是昴灰蝶海南亚种。昴灰蝶的资料极少，无法查对，只有先记录再说。

10 分钟之后，一只有着诡异图案的灰蝶掠过我身边，在水沟边停了下来，短暂地露出翅正面鲜艳的蓝色。大名为爱睐花灰蝶的它可是个明星蝴蝶，人称蓝闪蝶浓缩版。

接着，似乎进入了娆灰蝶时间，一只又一只从未见过的娆灰蝶轮番登场，像展示，又像示威。我不停地按动着快门，后来整理出三种个人新记录：缅甸娆灰蝶、银链娆灰蝶、婀伊娆灰蝶。加上前一天两次遇到的娥娆灰蝶，我在霸王岭拍到的娆灰蝶竟有 4 种。如果有更多机会在类似的干扰较少的地方搜索，一定会见到更多的娆灰蝶家族成员。

昴灰蝶

爱睐花灰蝶

缅甸娆灰蝶

银链娆灰蝶

婀伊娆灰蝶

相思带蛱蝶

这条约300米的小道上，我总计拍到5种从未见过的灰蝶，还有绿裙玳蛱蝶等其他蝴蝶，霸王岭真是宝藏级的观蝶胜地啊。

回到那排平房时，停车，日已略略西斜，阳光的强度似有所减弱。这里是坡上密林的出口，又比较开阔，应该是蝴蝶喜欢的地方。

“今日观蝶的最后一站了。”下车时，我对何金龙说。

说话间，就见一只形似斑粉蝶的蝴蝶从我们旁边掠过，到远处的泥地停住了。

红肩锯粉蝶！我终于看清楚了，由此可以判断，早晨那只也是它的同类。我远远地拍了一张，在它起飞之前。

此行和这种蝴蝶的缘分那是相当浅的。我叹了口气，提着相机在附近慢慢走了一圈。好像是为了安慰我，在即将回到车边的时候，路边的草叶上出现了一只豹灰蝶，它白色的翅膀上非常讲究地布满黑色斑纹，和形近的蚜灰蝶相比，它颜值更高，也更罕见。

霸王岭的观蝶之旅，就由这只豹灰蝶构成了一个灰白的带着豹斑的句号。

豹灰蝶

西线观蝶的三天

儋州热带植物园

七月，儋州热带植物园，上午10点，进大门右边的小道上，我正在和一只小粉蝶较劲——小粉蝶贴着地面低飞，偶尔在蟛蜞菊的花朵上作势欲停，但立即又拉起继续低飞。坚决不放弃的我，则提着相机和它始终保持着两米内的距离。

十分钟过去了，我的额头开始冒出汗珠。植物园烈日下相当闷热，这将是体力消耗极大的一天，无数细小汗流会在全身奔涌，得时时关注身体状况才安全，所以跟踪它的时候，我尽量走在林荫下，避免直晒。

儋州热带植物园，最有代表性的是它的乔木

纤粉蝶

突然，这看似没有尽头的较劲儿状态改变了，它没有先兆地落在一片树叶上，一动不动。我靠近一看，是树叶上的鸟粪吸引住了它。终于可以看清了，竖着翅膀的它反面有着淡绿色的浅斑纹，果然是纤粉蝶——中国境内已知最小的粉蝶。

还飞着的时候，就猜到是它了，因为正面翅的闪动中，一对黑点相当醒目，那正是纤粉蝶的重要特征。

这样的较劲儿，看上去时间是在毫无意义地消耗，我应该略有焦虑，实际上，一点也没有。自从若干年前，我在海南岛的另一个植物园兴隆热带植物园第一次见到纤粉蝶时，就没来由地喜欢上了小得令人惊叹的它。逆光时能隐隐见到正面的圆黑斑——像带着山丘和深谷的半边月亮。当它贴着地面低飞，就像在无休无止地展示惊人的空中技巧，让我这个观察者啧啧赞叹。

拍好纤粉蝶，我才把注意力转移到头顶上的其他几只蝴蝶上去，逐个辨认。它们一直在这条路上飞来飞去，看似在清晨的阳光中充好了电，正是体力充沛的时候。落在我眼睛里的它们，多数是斑蝶，其中爱不时停留一下的是幻紫斑蛱蝶，它的前翅带结构色的色斑，不同角度能看到不同色彩，幻紫的名字由此而来。

不错的开局！可以回到正路上开始逛园子了，我背着双肩包，兴冲冲地向右边的下坡路走去，那边的水池吸引了我，很可能是水生植物区，除了蝴蝶，说不定还会有好看的蜻蜓。

感觉这个植物园的优势主要体现在乔木上，我在水边和岸上低头寻访了一阵，没有发现特别的植物。水边的灌木里，翠袖锯眼蝶特别多，环顾四周，不远处似有不少散尾葵，那是它们的寄主。确认这个蝴蝶很容易，它们总是合翅而立，褐红色的后翅前缘有一个醒目的小白斑，前后翅的外缘都起伏略似锯齿。

一直想拍到它们的正面，只从图鉴上看到过它们前翅的迷人紫斑，

幻紫斑蛱蝶

而野外偶遇时却从未向我展示。选了一个相对高处，我提着相机伫立，想看看有没有开翅的翠袖锯眼蝶，和之前并无区别。我又一次失望了。

池鹭

有一只灰蝶从眼前掠过，正面似有陌生的灰白斑，我瞪大了眼，看着它一边舞蹈一边向着水边小道飞去，就赶紧跟了上去。在一丛高挑的莎草处，它失踪了，我伸头俯身找了又找，慢慢回头，不禁愣住了——一只池鹭立在水中，距离我不到两米的距离。我们两个大眼

翠袖锯眼蝶

瞪小眼地对视了好一会儿，我慢慢举起相机的刹那间，它终于腾空而起，到了自觉安全的地方才停下。

我远远拍了一张照片，没有打算再次靠近它。

走完湿地，前方的山坡上有一大片开满白花的鬼针草，吸引了一些蝴蝶，浏览了一下，虎斑蝶、青凤蝶、迁粉蝶各有几只，上空经过的还有鹤顶粉蝶和青斑蝶，都不是我的重点目标，毕竟这是海南岛，还是我来得比较少的西线，我得把时间开销在更有价值的目标上。

青斑蝶

吊瓜树

竹林的新笋有如幼虎，十分雄壮

一路盯着蝴蝶看的我，走着走着，头撞在一个悬空的东西上，条件反射地后退一步，原来是一个竖着的长南瓜似的东西。在它的附近，还高高低低挂着大小不等的瓜。

这是原产自非洲的吊瓜树啊，我在广州的华南植物园见过，看了一会儿吊瓜，我又低头找吊瓜花。吊瓜树的花比果实奇特，夜开晨落，要拍到它须清晨去树边才有机会。

终于在草丛中找到一朵残破不堪的花，已不是钟形，应该是好几日前的，可惜，进植物园之后，还没看到过特别有趣的花呢。

继续往前走，过一小桥就进入浓荫之中，头顶是烈日，但能落到地面的都是碎片。虽然树荫里人更舒服，但要想寻蝶，还是在林缘比较好，我选了向右的小道，贴着小河边，一边观赏身边的蝴蝶，一边往前走，都是常见的蝴蝶，我的速度未减。约 50 米，接近了一片竹林，应该有些眼蝶吧，我想。

突然，一只黄色蝴蝶从路边的灌木上蹿起，在前方更高的灌木上停住了，我有点激动地停下脚步，它蹿起的瞬间，我看见了它前翅的橙黄色条斑——这是爻蛱蝶啊，野外极难见到的。

我最近见过的那次，是在西双版纳一家酒店的大堂，它困于落地玻璃窗内，我用手机拍照片，就把它救出去了，因为误认成了某种环蛱蝶，都没兴趣细看，想着空了来查种类就行。回家后一查，傻眼了，我漫不经心地救的居然是一只爻蛱蝶，早知道，至少应该目不转睛地观察五分钟吧。

懊恼之余，我牢牢记住了它前翅的条斑，以及它后翅条斑上的奇异的小黑点——环蛱蝶可没有这样不讲究的记号，后者点和线处理得更合乎逻辑。

现在，它竖立于前方，头冲着我，这是保持警戒的姿势，随时可能离开。我平复了一下心情，尽量缓慢地接近它。但是，在距离三米时，它再次蹿起，

爻蛱蝶

在空中绕飞了一圈后，停在了右边的高大竹子的茎干上。

继续往右，就出了竹林，是小溪和对面的开阔地。这是最后的机会了，我侧身转向，进入它视线的死角，再慢慢向它靠近——整个过程中我动作像极了一个鬼鬼祟祟的暗杀者。动作不好看，但是还挺有用，我顺利进入了有效的拍摄距离，狂按快门，其间不停地变化角度。虽然只有这一个侧面可拍，但是利用逆光，有些角度能透过翅膀看到另一面的信息。就在拍摄中，它果然和前两次一样突然蹿起，向着溪流对面远遁而去，身影消失在一片水光中。

前后不过五分钟，从出现到消失，我和这只蝴蝶的缘分就结束了。我有点发呆地站在原地，这是能让人忘却自我的五分钟，我从自己的经历和各种角色中抽身而出，只是一个单纯而永恒的观察者——不断进化的自然，也到了这个时刻，人类作为自然的一部分，我的拍摄就像它回望自身时仔细察看一个敏感碎片、一个美丽斑点，在人类出现之前的亿万年，可没有这样的场景……

把思绪收回，我微笑着进入竹林，已看到竹林间的空地上有很多蝴蝶在起起落落，这个空间应该属于眼蝶吧，毕竟，竹类植物是很多眼蝶的寄主。

长纹黛眼蝶、蒙链荫眼蝶、凤眼方环蝶……这些熟悉的老朋友，被打扰后飞起又落在别处，可惜都有点残破，我经过它们，没有停留，继续向前。这个期间，我只记录了一只拟裴眉眼蝶，这种眉眼蝶，海南岛容易见到，在其他省市并不容易。

一只矍眼蝶引起了我的注意，它后翅竟然有大小 7 个眼斑，比正常的多出 1 个，这是少见的变异个体。自从我看清楚后，它就没有再停，在一个小范围内不断飞来飞去，看了一阵，发现了规律：每绕飞一圈，它就会随机在灌木上点一下再起飞。我追着它一阵连拍，勉强拍到一张眼斑清晰的照片。

拟裴眉眼蝶

后翅多一个眼斑的矍眼蝶

到得此时，我的肚子已“咕咕”作响。这时想起了进园时售票员的忠告，她友好地建议我先吃饭再进去，园内没有提供午餐的地方，而当时才刚过上午 10 点。

大不了再买一张门票进来，我这样想着，一边往大门方向走，准备外出觅食，一边不甘心地东张西望——万一能看到个小卖部之类的，就有干粮了。

一般来说，我进山都会备好馒头水果，不会花时间去寻午餐，野外的时间都贵如黄金，我舍不得。今天我是从海口刚到儋州的森林客栈入住，从房间出来时，已过 9 点，上午的这个时间是观赏蝴蝶的最佳时间，朝阳中“充好电”的它们，有可能下到地面汲取水或矿物质，我就只顾着匆忙进园了。

快到门口时，听见左边林荫下人声喧哗，有个学生团队在此午餐。原来，园内只是不供应散客午餐。我略一思忖，就转身走向餐厅，问服务员可以买一份团餐不，这位胖胖的大嫂看了我一眼，犹豫了一下，点头答应了。

植物园里花香阵阵，我避开人群，一个人坐在露天的桌前享受这意外的午餐，大嫂路过时，见我汤喝完了，又主动送了一碗过来。

只用了 15 元就吃饱喝足的我，起身向桥对面的森林走去。烈日到了一天最盛的时候，不适合去空旷处了，甚至包括之前的竹林。我换了个方向，计划向左边小道走一段再拐进林荫大道，避开阳光的直射。这不全是为了自我保护，正午连不少蝴蝶也会因避免暴晒到林下活动。

在小道尽头的草丛里，几只蛇眼蛱蝶仿佛在测试阳光的强度，它们从浓荫下追逐而出，在草丛中平摊开翅膀，然后又各自退回浓荫下。经历短暂阳光烧烤之后的它们，都少见地竖起了翅膀，我不会错过这样的机会，急按相机快门。其他时候，很难拍到这种蝴蝶的反面。

香料植物是植物园的特色，种类特别多，我沿着林荫道观赏了一阵，

蛇眼蛱蝶

发现自己走到了几幢建筑之间，中间的空地有一株攀援到空中的三角梅，吸引了不少蝴蝶。

一只黄色蛱蝶在三角梅和别的乔木之间来回折腾，没有停歇的时候，我举着相机一直到手臂酸痛，都没找到拍摄机会。这时，一只硕大的美凤蝶，在三角梅上停了一下，就开始了绕飞，一圈，两圈，然后径直飞走了。

想了一下，不如就在附近蹲守。放下双肩包，取出茶杯喝茶，优哉游哉地坐等蝴蝶来造访。

五六分钟后，我刚放下茶杯，就见美凤蝶飞了回来，看来经过前面的考察，它确认了花蜜品质，这次一来就挨个抱着三角梅的花苞吸。三角梅的彩色苞片容易被误认为花瓣，其实它真正的花很小，藏在苞片中。当然，美凤蝶肯定明白真正的花在哪里。

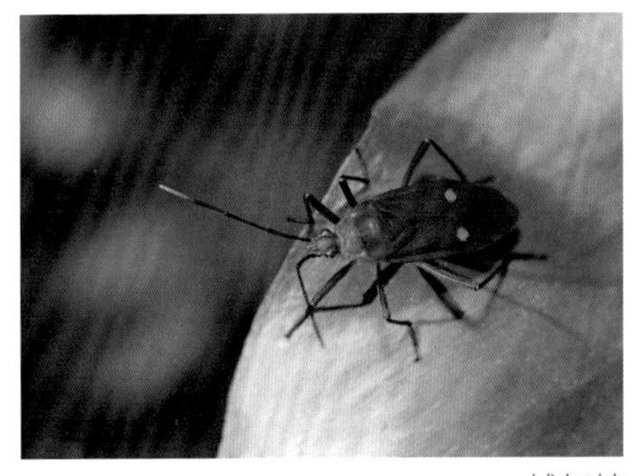
绒红蝽

拍好美凤蝶，又休息了一阵，对前来访花的别的蝴蝶我兴趣不大，倒是回头去抓拍到了那只黄色蛱蝶，确认是幸运辘蛱蝶。

休息的时候，就在身边的灌木上，我发现有一只蝽有点意思，它的鞘翅质感有点特别，绒绒的。看上去既熟悉又陌生。终于想起来了，昆虫学家张巍巍有一次去盈江，拍到过它，当时我还挺羡慕，名字叫绒红蝽。红蝽科种类一直是我感兴趣的，有些相当漂亮。

想起上午去竹林时，有一条路感觉不错，有密林中的空地。当时暗记在心，现在应该正是那里的好时候。

经过休息，感觉自己的体力值已重新拉满，就脚步轻快地朝那里走去。

果然，远远就看见空地热闹非凡，犹如蝴蝶舞会，空中不时有蝶翅闪过。来到空地边缘，才发现草丛中散落果实，不时飘来熟透果实的香味，香味中又有一缕腐败的气息。太妙了，我要是蝴蝶，有这样的气味也忍不住啊，哈哈。

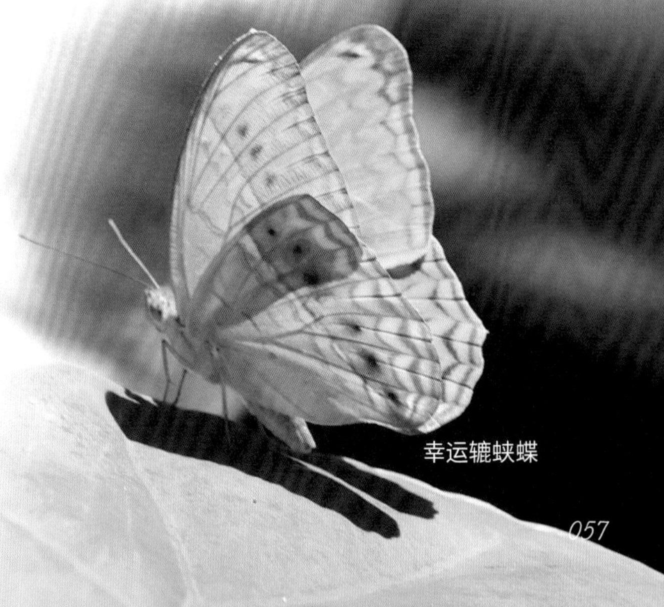
幸运辘蛱蝶

绿裙玳蛱蝶

华南斑眼蝶

终于，美凤蝶飞回来了

蝴蝶纷飞中，我一眼就看中了其中的绿裙玳蛱蝶，此蝶的雄性后翅外缘的色斑有如蓝色的弯月，颜值出众。试问，带着蓝色月亮飞行的蝴蝶，能有几种？

不过，要拍在空地对面灌木上的它，就等于放弃了其他蝴蝶，很可能随着我的进入它们会四散飞走。

我收回目光，谨慎地来回扫描整个空地，想把其他蝴蝶看清楚。

突然，我眼前一亮，一只圆翅蝴蝶进入视线，说是圆翅蝴蝶，只是一个直觉，它看上去其实也挺像某种锦斑蛾。如果是蝴蝶的话，它应该就是华南斑眼蝶，不对呀，我记得资料上说这种蝴蝶是 4—6 月出现，现在已经是 7 月了。

当我走到空地中央时，它在距离绿裙玳蛱蝶不远处停下，平摊开了翅膀，给了我唯一一次拍摄机会。

按回放键的时候，我的手指都有点微微发抖，难道，我真的看到了这种传说中的蝴蝶？

是它！黑褐色的翅膀上，布满类似斑蝶或脉蛱蝶的黄白色条纹，后翅的条纹都对应着斑点。我高兴得原地使劲跺了两下脚。

过了一会儿，才想起，我的绿裙玳蛱蝶呢？会不会早就惊飞了？

抬头一看，只见一个蓝色月亮，稳稳地挂在灌木丛边缘，我的走动和跺脚，一点都没影响到它的主人。

在这棵形状奇特的树下，我休息了很久

黎母山

黎母山国家森林公园位于五指山山脉往西的延伸处，其实仍在海南岛的中线附近。作为海南三大江河的发源地，造访此山一直我的心愿。可惜，我之前的两个主要出发点海口、三亚距离黎母山都比较远。此次西线之旅，我的出发点是儋州森林客栈，自驾距离缩短为 50 多公里，是以东线万宁为出发点路程的一半，50 分钟可达，机会终于来了。

因为前一天深夜才从霸王岭回来，我将晨起的闹钟调到了上午 7 时 50 分，计划起床后快速收拾，9 点到达。

车从这里离开主干道，进入支道

曲岭谷步道

中途我去买了面包和水果，到达山门时，比计划时间晚了10分钟。买票时，售票员诧异地问："只买门票不买香？"一下子也把我问诧异了。定睛一看，她右手一叠票，左手一堆香，看来正常情况都是成套卖出——进黎母山的多数人是去拜黎母的。黎母山是黎族的始祖山，《洞溪纤志》记载："……是为黎人之祖，因名其山曰黎母山。"我之前查资料，已知山上有黎母庙，香火很旺。

进山门后，其实只能算山脚，一路未停，又花了20多分钟，才到达我计划的第一站：曲岭谷步道。

谷口无蝶，步道的溪边无蝶，附近转了一圈，进谷拾级而上。

山谷幽静，大树遮天蔽日，偶尔有阳光碎片落到路上，空气清凉并带着苔藓的气息。一路轻快，上行百米后，随着地势不断抬高，周围逐渐明亮，蝴蝶也随之出现了。这种林荫道，不用说，容易见到的是生活在林下的眼蝶。最先出现的是玉带黛眼蝶，它们似乎彼此保持着距离，然后是一只漂亮的曲纹黛眼蝶，前者配色简明雅致，后者繁复绚丽。我略略停留了一下，确认再确认，怕因为自己走眼错过了好东西。

继续上行，在石梯路和小溪的交叉处，有两个相对宽阔的小平台。

下面的小平台杂草丛生，有倒伏的树干，只见蓝色一闪，一只蝴蝶稳稳地停在了树干上。我远远拍了一张，放大一看，是一只紫斑环蝶，在海南岛还是第一次看见此蝶，可惜这只翅膀太过残破，不然我会进入杂草丛靠近再拍。

上面的小平台有石桌石凳，均长满青苔，几片黄叶散落在那里。我正在犹豫要不要过去，坐下休息喝口茶再继续上行，只见其中的一片深色树叶抖动了一下——果然走眼了，它其实是一只蝴蝶。

我用极轻的猫步靠近，彻底看清楚了，这是一只陌生的黛眼蝶，略似我在武夷山见过的尖尾黛眼蝶，但尾突相对小，贯穿前后翅的中带和眼斑附近都有紫白色斑，让它看上去更灵动有趣。

文娣黛眼蝶

原来是相当罕见的文娣黛眼蝶，顾不得形象了，我直接坐在地上，获得了十分舒服的拍摄角度。拍了一组照片，感觉不满意，又调整了参数，直到它翅膀上的紫白色和棕红色都同时得到充分呈现。

“黎母山不错啊。”收起相机，我心满意足地感叹了一声。

“当然不错呀！”从石梯路那边，传来一个中气十足的沧桑声音。

惊讶地回头，一个老者稳稳地立于路边，看来观察我已经有好一阵。

“你在拍啥？”接着，他又好奇地问。

“一只蝴蝶。”

“你赶紧往上走吧，刚才有大松鼠，我看见了。这条路生态很好，小动物多。”须发皆白的他热情地说。

“呃……”我很想解释一下，除了蝴蝶，其他动植物我只是顺便拍一下，但又恐有负老人的热情。

“好的，谢谢，我去看看。”反正要往上走，我干脆给予了最友好

长须弄蝶

的回应。

继续往上，已有阳光束斜插进树林，各种昆虫在光束附近闪动。有一只弄蝶很有意思，它会飞到光束里左冲右突一阵，再飞回阴暗的树枝上，如是反复，不知是否着迷于光束带来的短暂温暖。

它待的地方太暗，我开启闪光灯勉强远远拍了一张，回放一看，大吃一惊，只见它的翅膀反面前后翅一半黄色一半棕褐色，对比非常强烈。黄色区域配黑色斑点，棕褐色区域配白色斑点，连斑点颜色都配得这么讲究。

感觉自己看到了好东西，却不知道是啥。后来查阅资料，我才得知这是海南岛特有的蝶种长须弄蝶，不得不说，我还是相当幸运的。曲岭谷步道，往返走了一个多小时，蝴蝶所见不多，但这两种都不寻常，我对接下来的徒步立即拉高了期待。

12 点前，我驾车来到石臼步行道入口，感觉不饿，不如用 1 小时走完这条步道，回来再吃午餐，于是把面包和水果放回车上，只背了器材和水就出发了。

没走几步，就惊飞了石质步道上的几只蝴蝶，它们在阴影里汲水，明晃晃的艳阳中，阴影正好是视力的盲区。我有点懊恼，记下了这个位置，打算回来再看，一般来说，它们中的一些会回来的。

这条路百米后就右转下坡，看着像是会慢慢下到谷里，我眯着眼在转弯处踮起脚观察，山谷很深，来回 1 小时不够了。现在有两个选择，一是直接前行，可能会忍受两小时的饥饿，二是回车上取东西，再继续前行，我又觉得这样折腾是对体力的无谓消耗。

我在那里来回转了一圈，仿佛遇上了一个很难的哲学问题。这时才发现其实还有一条直行小路，隐没在草丛中，不如，我就走这条道吧，前面两个选择都不要。这就是一个人徒步的好处，随心所欲，自由自在。

绿弄蝶

于是我离开大路，走上了隐藏的小路，几十米后，这条小路竟然和另一条水泥路合并到了一起。水泥路下，水声潺潺，感觉相当古怪。我研究了一下，脚下原来是一条上方封闭了的水渠而已。

直到此时，我都还没意识到，自己走在一条多么梦幻的路上。因为在此之前，只见到一只绿弄蝶和几只矍眼蝶，似乎还不如曲岭谷。

一只色蟌引起了我的注意，它的前翅透明，后翅黑色和透翅交错。我瞬间就想起了海南岛的特有蜻蜓丽拟丝蟌，也是前翅透明，只不过是后翅黑色和金色交错。脑袋里一阵小混乱，拟丝蟌科我记得在国内是单科单属单种，怎么会有这么一个近似种？

这个困惑，直到晚上问了蜻蜓分类学家张浩淼，我才恍然大悟——原来我见到的是丽拟丝蟌的雌性，只是不知道是否已经是成熟个体。

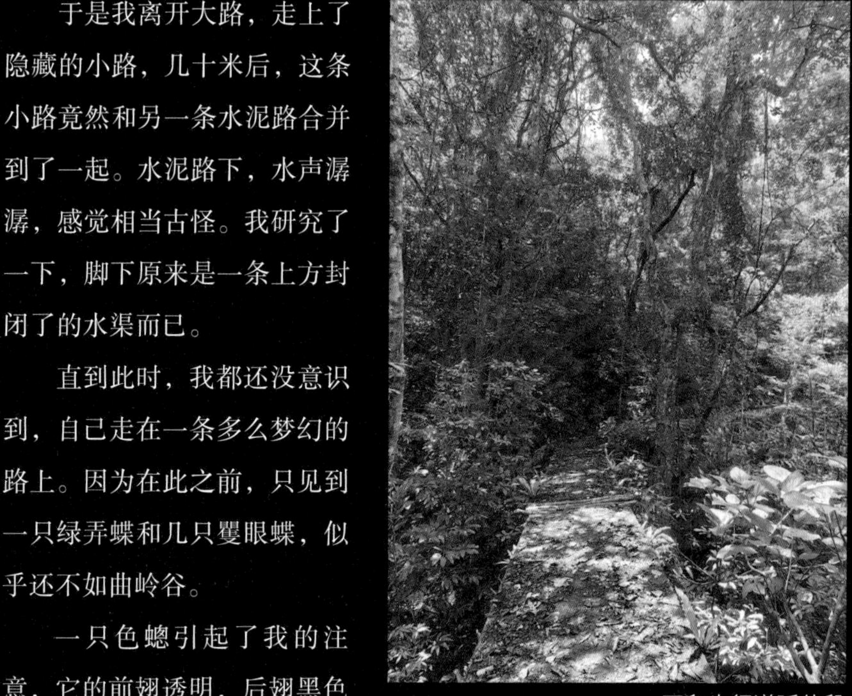

石臼步行道延伸段

丽拟丝蟌（雌）

即使处在困惑中，我也没有看漏前面路边的一只玳眼蝶，它如此新鲜、美好，那一列眼斑的蓝色闪耀着金属般的光泽。在试图接近的过程中，它忽然窜进了坡上的林里，扑闪几下后停在一片草叶上。

我毫不犹豫地跟了进去，为了不惊动它，我几乎是贴着地面缓缓移动，几分钟后才进入有效距离，调整好相机参数再将其缓缓举起，终于获得了它完美的侧面照。

从草坡出来，我习惯性地检查双腿双脚，这是多年在热带雨林野外工作养成的习惯，这次，我在裤子的右膝部位看到了一条晃头晃脑的旱蚂蟥，伸展时接近两寸。我伸手把它扯下来扔回沟里，好险，如果不做这个检查，裤子又会有一摊自己的血迹了。

我和玳眼蝶的缘分还没完，没走几步，又碰到一只，它正摊开翅膀晒太阳。太不容易了，能拍到这种蝴蝶的正面，和反面的惊艳相比，它的正面比较中规中矩，中带是一个白色的 V 字。

随着小路在林间的延伸，到了横过沟谷地段，水渠就被桥架支棱到了空中，走在上面，有时经过树腰，有时经过树冠，妥妥的空无一人的空中走廊。

这“福利”来得太突然，完全没思想准备就开始突然观察树冠上的蝴蝶。眼前各种蝶翅闪动，我恍惚了好一阵，盯上了一个小闪蝶似的蝴蝶，它在几棵树的冠顶飞来飞去，金属般的光泽一闪一闪，有如一粒绿色宝石在空中滚动。

仿佛是回应我的关注，飞了一会儿，它竟脱离了之前的线路，径直飞到我面前，侧停在一片树叶上，原来，这是一只硕大的娥娆灰蝶，左翅略残，但两个小尾突完好。略残的左翅，正好露出右翅正面的绿色斑。

真的不亚于金灰蝶啊。我在心里感叹了一句，静静等着，看它是否会在阳光下开翅。一眨眼，它就不见了，就像飞来时那样突然。

玳眼蝶

娥娆灰蝶

灌木顶上的蝴蝶，以常见的散纹盛蛱蝶居多，看了一阵，我准备离开这个区域，却看见其中一只似乎略有不同——侧停的时候，反面有着明显的色带，这可不是散纹盛蛱蝶应该有的。

我有点小小的得意，一个隐藏民间的高手被我发现了。它的活动范围不大，我回走几步，就把正面反面看了个明白，是金蟠蛱蝶，来自蟠蛱蝶属这个比较冷僻的家族。

除了蝴蝶，这条路上的天牛和蜡蝉也不

金蟠蛱蝶

变色梵蜡蝉黑胫亚种

少，一只颜值超高的梵蜡蝉落在我眼前，好不容易才把凌乱的翅膀合拢，爬到一片枯叶上就一动不动了。

后来，我把照片发给了海口的孟瑞博士，她有个师妹正好在做这个类群的研究，很快就确认了种名，是变色梵蜡蝉黑胫亚种。

不知不觉，沿着水渠，我走了近 3 公里。此时，天色突变，蓝天白云不见了，远处有乌云靠近，阵阵风起。海南岛的雨是说下就下的，我转身快步往回走，有稀落雨点落下时，我已回到了车上。

一边享受简易午餐，一边听着阵雨拍打车顶，我暗自庆幸回来得及时。

只不过十多分钟，雨就停了，但天没亮开，我不敢离车太远，夏季的阵雨里，即使有伞也保护不了器材。

我在入口百米的距离里来回转悠，之前，就在这段路惊飞了蝶群。现在，雨水浇在被烈日暴晒过的石块上，水汽蒸腾，对飞过的蝴蝶很有

玉牙凤蝶

吸引力。我转悠，蝴蝶也在这里转悠，我目击到的有玉斑凤蝶、玉带凤蝶、宽带凤蝶和异型紫斑蝶。

不断移动的镜头，在一只黑色蝴蝶身上停住了，看上去就是一只玉带凤蝶的雄性，但是后翅圆圆的，没有尾突，也没有明显的尾突断裂处。难道是玉带凤蝶的变异个体？

赶紧蹑手蹑脚走过去，在它飞走前拍到几张正面照，我就这样漫不经心地拍到了玉牙凤蝶。

和玉带凤蝶满世界都有不同，玉牙凤蝶在国内仅见于热带，曾经看过一份资料，说这个种在国内主要有三个亚种，除了其他区域的指名亚种外，产自海南的是全无尾突的海南亚种，产自中国台湾的是略有尾突的台湾亚种。那么，我见到的应该是海南亚种。

接着，我又在几只异型紫斑蝶中，发现了一只隐藏的好蝶——它的

疏星锯眼蝶

宽带凤蝶

后翅似带锯齿，而褐色翅上的白斑雨点状，比前者更大也更清晰。

进一步观察，它的习性似乎也有差别，同在一个路段来回飞，它只落于灌木上，从来不像那几只斑蝶会落在地面上汲水。

我尽量抑制着激动的心情，先远拍几张，再尽量靠近拍摄，这时，我已确认是锯眼蝶，因为翅形简直太接近翠袖锯眼蝶了。后来，果然查到是锯眼属的疏星锯眼蝶，这蝶名取得真是贴切又雅致。

请教了一下过路的老乡，这条路并不通向谷底，下谷底还有另一条小道，须往黎母庙方向再开车 1 公里左右。

在我的想象中，谷里既然多石臼，说明溪谷宽阔，说不定还有潮湿的沙滩。眼前乌云消散，阳光又强烈起来，就选那条小路下去吧，就算蝴蝶不多，至少还可以看看石臼。

十分钟后，我就背着双肩包，沿着石梯路下行了，这里全是松林。

生活在黎母山的松树可遭罪了，稍稍壮实的，都会被割松香。割松香的方法是，在松树离地至少一米高的地方，割出人字型的伤口，由下而上，然后在下方收集伤口分泌出的树汁。我路过的松树，基本都被割过或正在被割。有些松树，旧伤口还没合拢，新创口业已开辟，遭罪不止一次。这些松树，已经活成了终生“献血”的松奴。

想想那些高海拔险峻山上的松树，潇洒挺立，人迹罕至，只有鸟雀可近。同是松树，有的占尽风光，有的终生为奴，命运真是太不相同了。

约半小时后，我下到了谷底，和想象的不一样，这里并不平坦，更像一处处悬崖串联而成，人很难顺着溪谷行走。

在我能行走的有限范围内，已能看到不少天然的石臼，地质学家们推测，部分石臼是冰川时期产生的，在一定高差条件下由融冰的长期冲蚀而成，这类石臼比较规则，体积也不会太大，可以区别于流水磨蚀出的中大型石臼。

有一对石臼，盛满雨水，像饱含泪水的眼眶在凝视着天空，我看得有点痴了，一时忘了自己为何来到这里。

采集松香的创口和袋子

石臼

石臼河谷

有好一阵，我小心地攀爬着在谷底移动，一个石臼一个石臼地慢慢观赏，它们都装满了雨水，有的长着草，有的有虫子，还有的有小鱼。远古的冰川遗迹，就这样成为了这个时代的简陋容器，装什么内容已由不得它们。还好，除了水里的客人，它们也装路过的白云，装无边的蓝天，这样一想，倒也可以。

终于，我看到一个雨水沟的入口，坡上林子里的水从这里进入溪谷，可能经过了堆积松针的肥沃地表，流下的水都是黑色的，还带着腐败气味。蝴蝶们聚集于此，形成了两个群落：一是以碧凤蝶为主的凤蝶群，它们巧妙地隐藏在一堆带刺灌木的下方，需要弯腰才能看到；另一个是灰蝶弄蝶拼凑而成的蝶群。它们比较分散，一有动静就各自乱飞，有些很快就落回原处。

凤蝶群里，我唯一感兴趣的是一只暖曙凤蝶，可惜它最敏感，在我弯腰发现蝶群之前就窜出，在一处灌木上稍作停留就远走高飞了。

只好把注意力放在那堆小蝴蝶身上，其实真的还不错，我记录到了素雅灰蝶和长尾蓝灰蝶，都是相对难见到的灰蝶。

离开前，一只绢斑蝶也来造访这里的鬼针草，让我又额外多停留了一会儿。

长尾蓝灰蝶

素雅灰蝶

绢斑蝶

纱帽岭

入住儋州森林客栈的当天，我打的去取网上租的车，路上顺便请教了司机，“如果要在儋州找生态好的山村，推荐哪一个？”他一秒钟也没犹豫：“纱帽岭。”

当晚查了一下，纱帽岭距离客栈仅10多公里，车程半小时。此山海拔752米，是儋州市第一高峰，山形奇特，像一小桌山，中间高峰耸立，整体形状酷似一顶大纱帽。从图片上看，更像是女士遮阳的那种纱帽。

最近这一两年，我特别关注森林边缘山村周围的生态情况，它们是人类和大自然这两大系统深度互嵌的地方，那里或许可以找到两者最好的共生方式。所以每到一个区域，我必定会选取一个山村进行蝴蝶调查，蝴蝶是生态指示性昆虫，对生态评估参考价值很高。纱帽岭附近的山村有两个，白炮村和南良村，我都准备去看看。

早上8点刚过，我就驾车出发了，在朝阳下的乡村路上慢慢开着，不断经过一些漂亮的果园，不时停下来，看看路边的蝴蝶。

一路经过很多果园

白炮村，位于纱帽岭一侧

奥眼蝶

在一个橡胶林的边缘，我看到一种不同寻常的眉眼蝶，贯穿前后翅的白纹非常显眼，翅深褐色，追着拍了几张，确认是和眉眼蝶极为相似的奥眼蝶，热带才能见到的一种眼蝶。一路都是它，和密度很高的小眉眼蝶数量竟然不相上下。

穿出橡胶林，只见一只翅膀拖坠着的鸟立于路中。它受伤了？我小心打着方向盘，想从旁边绕过去。

车快靠近时，它突然飞起，又在不远处的路中落下，又换了个翅膀向下拖坠着。

呃，原来是在诈伤。有些成鸟在幼鸟受到威胁时，会以诈伤的方式吸引外敌远离幼鸟。这一只有勇有谋的褐翅鸦鹃，用的正是此计。

诈伤的鸦鹃

我一路走走停停，有时还和村民聊一会儿，到了远端的白炮村，早就过了9点。此村有一条小河绕行，纱帽岭就在村背后，村民说自从南良进山的路通后，徒步者已不选择在这里登山，上山的路杂草疯长，已无法通行。

我走上了村左侧的小道，想在村子与山岭之间的过渡区域寻找蝴蝶。刚到村口，就走不动了，桥头的一丛灌木里蝴蝶很多。一只雄性红斑翠蛱蝶最为活跃，在乔木与杂灌间往来冲锋，尽情挥霍着阳光带来的能量。

数量比较多的是波蛱蝶，足足有六七只，它们活动范围小，却也不久停，我好不容易才拍到一张侧面照片。

其实，我最想看到的是红斑翠蛱蝶的雌性，它的反面有着惊艳的红斑，但这几日见到的都是孤独的雄性。我又张望了一下，确认没有，悻悻离开。

来到村子边缘溪水与雨水沟的交叉处，我眼前不禁一亮，有一种整个区域的蝴蝶都在这里了的错觉，这里仿佛一个蝴蝶的集市，雨水沟两侧摆满了摊位，它们层层叠叠足足排出了三四米，相当壮观。可惜为了

波蛱蝶

红珠凤蝶

避开烈日，这个蝴蝶集市几乎隐藏在灌木下，没法拍到全景，只适合肉眼观赏。

有两只红珠凤蝶远离了集市，在一处沙堆上安静吮吸。同是凤蝶，习性还真是不一样。爱在集市上扎堆的是蓝凤蝶、巴黎翠凤蝶、碧凤蝶、宽带凤蝶，它们都多达五只以上，玉斑凤蝶只有一只。

有一只文蛱蝶，也想在集市上凑热闹，结果那些凤蝶的黑翅扇个不停，就像大耳光一个接一个地招呼到它身上，文蛱蝶东倒西歪被揍出来，又眼巴巴地钻进去，然后，毫不意外地再被揍出来，把一边的我看笑了。

可怜的文蛱蝶，只好在外围找了个被暴晒的空地吃水，那样子像极了闪在一边生闷气的小朋友。

确认没有特别的目标后，我离开这堆蝴蝶，往纱帽岭方向前行，走了 300 多米就彻底没路了，这倒是在意料之中。折返，进村，顺便看看村民屋前屋后种的花草，这是我喜欢的例行内容，常有附近山野的精彩物种隐身其中，可间接了解一下此区域的野生植物。

文蛱蝶

咖灰蝶

古楼娜灰蝶

上山的小道很窄

路边出现了一条幽深的步道

村里也有蝴蝶。在一户村民的门口，我拍到一只咖灰蝶，一只古楼娜灰蝶，后者增加了我的个人野外观蝶记录。

离开白炮村，重新导航，很快就到了南良村。这个村是纱帽岭的缓坡，有机耕道通往山上，越往上路越烂。我小心地开着车，摇摇晃晃往上行，在半山下车观察，只见前面陡坡全是乱石，这哪里还是路，和溪谷的谷底没什么区别了。

停车，带上器材和午餐包，我开始徒步。这条路偶尔穿进林中，多数时候暴露在烈日下，有一段路边长满高大的假马鞭草，蝴蝶不少，为了避免体能消耗太快，我确认蝴蝶种类后快速通过——没有特别的种类，还不如先保存体力。

1 公里后，左边出现了一条幽深的步道，我立即毫不犹豫地拐了进去。几分钟后，感觉树林的荫凉从头顶一直下沉到五脏六腑，人舒服极了。

大燕蛾

这条道的蝴蝶其实少多了，只见到红珠凤蝶和玉斑凤蝶在高处访花，脚边全是直翅目的昆虫胡乱蹦跶。因为草丛深，我还得打起精神先注意脚下有没有蛇类，要是贸然踩上那就惨了。

闭鞘姜

又走了一阵，进入了大燕蛾的地盘，这种酷似凤蝶的大型蛾类，时时惊起，多的时候五六只同飞，相当壮观。以前在尖峰岭灯诱时，见过大燕蛾群飞，那是些迷路的家伙，东倒西歪，在灯诱的白布和地面之间乱撞，简直不成体统。白天的它们，飞起来就优雅好看多了。

穿过树林，前面是绕行上来的车道，我四处看了看，已身处小桌山的桌面上了，远处山峰耸立，那才是纱帽的帽子，眼前的桌面正是纱帽的宽阔帽檐。

经过了开阔地带，进入树林区，左边的树林里蝶翅闪耀，有时还有蝴蝶飞出。我从杂灌的间隙进入树林，四下看了看，立即兴奋起来。

如果说，白炮村后的雨水沟形成了凤蝶的集市，那这片树林就成了斑蝶的露营区，几乎树林里的每根藤条上都倒挂着各种斑蝶，它们各自保持距离，并不密集聚集。

不想打扰这么多蝴蝶，我尽量贴着树林外围绕行观察，先后发现了虎斑蝶、金斑蝶、啬青斑蝶、绢斑蝶、异型紫斑蝶五种斑蝶。其中最活跃，数量最多的是异型紫斑蝶，透过树叶的缝隙，我还看到它们中的一对正在交尾，逆光中它们的身影很甜蜜。

虎斑蝶

啬青斑蝶

已能看到峰顶时，前面的路被灌木封死了

虽然没有特别珍稀的种类，但“盛况”如此，我实在不舍得离开。干脆选了处相对空旷的地方，靠着一块长满青苔的石头，一边吃干粮喝茶，一边愉快地东张西望。斑蝶们不时有一只离开悬挂处，悠悠晃晃地飞出去，又有别的斑蝶一只两只悠悠晃晃地飞进来。

一对异型紫斑蝶

半小时后，我离开此处继续向前。约500米，从小道下坡进入峰顶前的缓冲地带。

眼见小小的主峰郁郁葱葱，比一路来的植被都好，大喜，我不禁加快脚步穿过一片树林，很快就又开始了上坡。不料走了50米，疯长的灌木竟将小路彻底封死，旁边也没有空隙可过，这下我傻眼了，植被最好的区域反而进去不了。

发了会呆，我只好转身往回走，想着刚才一心想登主峰，走得太快，有几处空地都没仔细查看，现在可以去补课。

这一带的植被，以荻属植物居多，我进入空地时须非常小心，它们的叶片边缘锋利如刃，稍不注意就会被割伤。

比我想象的还要好，在一处空地上，除了飞舞着的橙粉蝶，地上还有一只穆蛱蝶，重点是，由于日光强烈，它会不时竖起翅膀，这样就有机会拍到反面了。无数次在野外碰到穆蛱蝶，毫无例外的都平摊着翅膀趴在灌木上或地上，我和它的反面始终差点缘分，在纱帽岭上终于了却这个小心愿。

走完这个区域，回到斑蝶露营区前，一只硕大的弄蝶从我耳畔振翅飞过，发出“呼呼”的声音。它绕着小圈飞了好一阵，在前面的芭蕉叶上停住了。是飒弄蝶！我精神一振，快速跟了上去。弄蝶十分活跃，在一个地方停不久的，不可错过机会。

飒弄蝶不仅体形大，和别的弄蝶还有一个不同——休息时它们喜欢大大咧咧地平摊开翅膀。这个家族我已拍到三种：密纹飒弄蝶、蛱型飒弄蝶、四川飒弄蝶，一直渴望着能增加野观记录。

刚看清时，我还略有点失望，它看上去就是最常见的蛱型飒弄蝶，黑白色斑的组合是我熟悉的。为了避免走眼，我还是认真进行了记录，就在拍摄过程中发现了一些异样：它的前翅白斑稍短，白得更显眼；后翅白色斑带开阔，外侧的一列黑斑略有间距——而蛱型飒弄蝶是挤在一起的。

难道，我见到的是小纹飒弄蝶？我被这个事实震撼到了，因为根据我看过的资料，这是一种仅在中国台湾分布的蝴蝶。

我回到客栈的第一件事，就是查对这只飒弄蝶，经孙文浩和蒋卓衡两位蝴蝶学者确认为飒弄蝶，小蒋还说此蝶很难见到，生态照片极少。我长舒一口气，放下平板电脑，开心地离开房间，到餐厅给自己点了一份红艳艳的剁椒鱼头，算是庆祝。

穆蛱蝶

飒弄蝶

海南三山记

尖峰岭

7月底的一天，我驾车沿着环岛高速西线往南疾驰，不时脸色郑重地看看前方，过昌江后，虽然头上仍是晴天，前方天际却乌云笼罩，偶尔似乎还有雷电闪动。

和海南省乐东县的文友方世国，约好下午5点在尖峰出口会合，然后一起上山。难道尖峰岭给我们准备了一场豪雨？

记忆里的几次上尖峰岭，都没有遭遇下雨，现在看来只是我的幸运。

第一次去尖峰岭是2008年7月，我和张巍巍经历了五指山的考察，从旱蚂蟥的包围里撤退到乐东县，我的收获是 1500 多张照片和满满的奇遇，而张巍巍比我多几个非同寻常的标本。其中雄性的中华丽叶蝽被小心收入一个透明的塑料盒，当时国内仅此一只，他格外偏爱，休息时还会掏出来细细打量。

我们住在尖峰岭鸣凤谷附近的山庄，山庄最高处的屋顶可灯诱，左侧即鸣凤谷栈道的入口。这条栈道全长 1.96 公里，穿行于雨林沟谷，有时在沟底，有时在树冠，是观虫寻蝶的极佳线路。

刚踏上栈道，我就拍到了海南塔蚬蝶，它的翅反面是红褐色，多数斑点都由黑白色拼合而成，仿佛飞行中的黑色小火箭拖着白色烟雾。当时，暗蚬蝶属还没有并入塔蚬蝶属，它的名字叫海南暗蚬蝶。

海南塔蚬蝶

顶瑕螳交配

虽然开局不错，接下来我在寻虫方面也空前成功，连精灵古怪的瓢蜡蝉都拍到5种，但蝴蝶就是一些玉带黛眼蝶之类，连按快门时我都有些犹豫。

此间最常见的昆虫是一种小型螳螂——顶瑕螳，体长2~3厘米，停着的时候模样普通，飞起的时候露出彩翅，能让人眼前一亮。可能正是发情期，数量特别多，正交配的都遇到多对。

鸣凤谷栈道

一直到第4次刷鸣凤谷栈道，我才在草丛中有了惊喜发现，一只中华云灰蝶和蚂蚁挤在一起吸食蚜虫的分泌物，3种昆虫各忙各的，看上去相当和谐。其实，幼虫时期的中华云灰蝶是肉食性的，以蚜虫为食，那时的画面就血腥多了。

那次在尖峰岭的最后刷山，是在半山间的一条溪流旁。张巍巍要独自在这里灯诱，想在叶螨方面扩大战果，我假期用完，须在当晚飞回重庆。

刚下车，我就惊讶得张开嘴合不上了——正前方，一棵开满白花的树上挂满了蝴蝶。花是圆锥形花序，我捡起一片叶子揉了揉，革质，有明显清香，感觉是蒲桃属的植物，后来有花友确认是乌墨树，又叫海南蒲桃。树上的蝴蝶以斑蝶为主，目测至少有青斑蝶、啬青斑蝶、虎斑蝶、达摩凤蝶和一些无法辨认的灰蝶和弄蝶。

我在附近看了看，找到一个离树冠近的相对高处，站上去拍了几张照片，又发现了一只白翅尖粉蝶，能看到正面的黑色花边，比反面好看多了。

中华云灰蝶

开花的乌墨树上挂满了蝴蝶

白翅尖粉蝶

青斑蝶

“你也不能就这样站一上午啊。”张巍巍一边说，一边开始了自己的忙碌，看来在草丛里有了发现，是忙里偷闲抬头望了我这边一下。

有点不舍地把视线从树冠上移开，我也开始了地面搜索，一一确认几只眼蝶和灰蝶后，离开，向着干涸的溪谷里走去。

每年应该有山洪经过，溪谷很宽，巨石不少，想象这些巨石从山上移动至此的场面，应该很壮观。

我先是在石头间的空地上寻找蝶群，无果，返回到溪谷和山林的过渡地带，慢慢察看，很快就有了发现——一只黄白色的灰蝶，刚开始我以为是东亚燕灰蝶，正准备把视线移开时看到了差异，色带明显不一样，这一只更宽还带着白边。

我赶紧蹲下来拍摄，可瞬间它飞了起来，露出正面的深褐色和臀角的朱红色眼斑，绕飞一阵后在远处的灌木间消失了。

我不甘心地追了过去，找了很久，才在灌木深处找到它的身影，勉强拍了一张。这是玳灰蝶的雌性，雄性正面的朱红就不是一个小斑点了，

玳灰蝶

鹿灰蝶

尤其后翅会是一片通红。

几乎就在同一处，又找到一只完好的鹿灰蝶，在相对阴暗的林中，它还处在需要充电的时段，不时会把前翅略略展开，露出翅尖的黑角。

树丛中有箭环蝶不慌不忙地飞过，有时倒挂在树枝上，有时竖立于岩石上，像山中的修仙人，不思来路，也不寻归途，树枝和岩石只是它们参悟的蒲团。

回到公路，我顶着烈日去对面的小路走了几百米。路旁边是小水沟，上空蜻蜓飞舞，以黄蜻为主。

就在前面半人高的灌木上，突然，一对悬空的丝带在互相缠绕着、旋转着，一会儿高一会儿低，这个情景很超现实。

是燕凤蝶！我微眯了一下眼睛，迅速反应过来，一只绿带燕凤蝶在这里时而起飞，时而停落，尽情表现着自己的舞姿，它飞起来更像是蜻蜓而不是蝴蝶。

箭环蝶

宽带溪蟌（雄性）

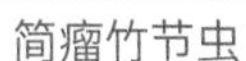

简瘤竹节虫

旱蚂蟥

我观看了一阵，头皮晒得发疼，才回到乌墨树下休息一阵，再向溪沟走去。这一次也没虚行，我竟然拍到了海南特有的一种蜻蜓——宽带溪蟌。它的前翅透明，后翅有红褐色的宽带，胸部黑色带黄褐色条纹，看上去气质相当高贵。

本来以为是离去前的顺便搜索，没想到这大半天是我尖峰岭寻蝶的高光时刻，目击蝴蝶 20 多种，玳灰蝶、绿带燕凤蝶都是个人新纪录。

有喜剧，就会有悲剧。第二天清晨，还在梦中的我，被张巍巍电话惊醒。他的声音非常沮丧：“没了，标本没了……”

灯诱时，他仍然像前几天一样，把装着中华丽叶䗛的塑料盒不时举在眼前琢磨，然后，就这样睡着了。

醒来时，发现掉在地上的塑料盒空空如也，他第一反应是虫子跑了，还在附近紧张地寻找了好一阵。突然又想起什么，才跑过去再把盒子举起来仔细观察，发现了两根触角。

“究竟是怎么回事啊？”刚醒来的我没听明白，忍不住问。

“是蚂蚁，蚂蚁进入了盒子，标本被吃掉了。”他的声音听着很悲伤。

2014 年 10 月，我卷土重来，黄昏时入住鸣凤谷旁的山庄。

先在山庄大门的公路上随便走了走，只有五色梅上有蝴蝶，两只宽带凤蝶，一只散纹盛蛱蝶，我兴趣不大，看了一会儿继续往前。没想到前面什么蝶也没了。

庄主见我拍摄昆虫，友好提醒说，山庄最高处的屋顶已设置了固定灯诱点，欢迎使用。几年没来，都这么专业了，看来科考人员没少来。

想着是旱季，我夜探时略为大胆，敢走出栈道去草丛中搜寻了。在姜科植物的叶子上，又看见了简瘤竹节虫，此虫头上有类似招风耳的结构，让它看上去有点像米老鼠。

正兴致勃勃拍摄，左脚有极轻微的痒感。不妙！多少有点警惕的我赶紧放下相机，一手举起电筒，一手捞起裤管，果然一只旱蚂蟥正沿着我的小腿往上爬。

我伸手把它扯下来，扔进栈道另一边的深涧。不敢再深入草丛了，只在栈道上慢慢寻虫。其实，栏杆上和栏杆附近，有趣的虫子就非常多，仅锹甲就拍到两种。想着白天要好好寻蝶，我走了 1 公里就折返回房休息了。

早晨起来，神清气爽，我习惯性地先去鸣凤谷栈道，只远远看到一些蝶影，还不如鸟儿靠得近。鸣凤，据说此地因鸟鸣声四起而得名，观鸟自然极佳。随意走了走，出谷信步朝天池方向走去，这也是本来的计划，

珂环蛱蝶

一路寻溪谷走走。

这一路只见到宽带凤蝶和一些蛱蝶，一只珂环蛱蝶停在路边不飞，我很轻松地拍了。环蛱蝶是既不怕人但又不让人靠近的，这只还没晒到太阳，就有些迟钝。

这样晃悠着，不知不觉走了 4 公里，肚子已开始“咕咕”叫，我就在天池附近的公路一侧随便进了个农家乐。

老板是一位和善汉子，自荐说他家的鸡是特色菜，可以按份点，也可以整只杀。看单份太贵，干脆让他现杀一只，中午我吃鸡杂加份小菜汤，其他炖汤，我晚上再来。

他捉鸡来当我面称了重，让厨师去安排，然后坐下聊天，问我下午是不是去雨林谷，半天挺合适的。

“不，我要去植物园。”尖峰岭的植物园，实际上是个有步道的小山谷，上次来我和张巍巍去过，里面有溪水，有山头，生态绝佳，感觉适合夏天的下午寻蝶。

汉子脸色大变，严肃地说："不能去，关闭了。"

"那家已歇业了？"我想了想，又说，"反正没有大门，能进去就行。"

"不是没门，但是三年没人敢进去了。听说里面出过事，死过人，很吓人的。"汉子直摇头。

三年没人进去，对那个小环境来说，岂不是更好……我略略思量，未置可否，把话题岔开了。

步行 10 多分钟，就到了废弃的植物园入口，大汉所言不虚，小道上野草丛生，落叶很厚，有些路段连石梯都被杂灌封堵住了。

外面烈日炎炎，进来却似有一股阴凉之气，我笑了一下，觉得是心理作用。除了溪水潺潺声，就只有我的脚步声。一路变色树蜥超多，我

天池步道

杂灌封路，植物园已成废园

每走几步就有一只不情愿地离开地面蹿上树干。我不予理会，专心在空地或向阳处寻找蝴蝶。

先看到一只黑边裙弄蝶，还没拍就飞了。又见一只中型弄蝶稳稳停在花上吃蜜，只有喙管一直抖动着。它前翅近顶角有三个小白斑，前后翅褐色，只有后翅后缘灰白。后来换了一朵花，趁翅膀扇动的时间，我才发现后翅反面竟是一片灰白。后来查到是热带才有的白边裙弄蝶，和前面那只同为裙弄蝶属。我不由得想到，前面那只还是飞了好，假如不飞，说不定会错过这一只呢。

到了山顶，又见一只陌生的眼蝶，前后翅小眼斑连成一串，后翅的更醒目。其眼斑最为特别，外圈灰黄色，然后是黑色中嵌金属光泽的蓝色。正在惊叹，它向下一振翅就不见了。

我紧追不舍，跟着连拐两个弯，却见它停在草叶尖上。我连续按下快门，这是我与玳眼蝶的初见。后来在四川合江、重庆四面山也见到过，眼斑中心的蓝色却没有海南所见的惊艳。

玳眼蝶

白边裙弄蝶

黄绢坎蛱蝶

再回山顶，见到海南塔蚬蝶、绿裙蛱蝶等，停的位置高，没有特别好的拍摄机会。

两个多小时走完全程，回到废园出口处，却见一只黄色蛱蝶被

回到农家乐，比约定的时间超了 5 分钟，进屋就闻到鸡汤的香气。没有别的客人，汉子默默看了我一眼，转身进去，再出来时手上有了酒瓶和两个杯子。

“唉，你胆子太大了。”他一边往杯子里倒酒，一边说。

“三年没人去的地方太好了，蝴蝶不少。”我啧啧赞叹，这时才看见，桌上除了一盆鸡汤，还加了两个炒菜。

在我的回忆中，车继续南下。

过东方市后，雨像一块巨大的黑色玻璃向着车头平推过来，我赶紧减速，“轰”的一声，没有任何过渡，车就直接开进了雨里。

“这雨还真是不讲道理呃。”我嘀咕了一声，努力辨认着前方的车道。

还好，车很快穿过了阵雨。在尖峰出口，我和方世国一人一车，朝尖峰岭开去。

次日，我们起了个早，从天池驱车出发，几分钟后就到了鸣凤谷。其实这样的阴天，鸣凤谷栈道蝶情不会太好，我只是有点想念旧地，到了先去看看。

还是那个山庄，里面堆满了建筑材料，栈道改建施工，封闭了。在山庄里面走了走，上面的路也断了，只好转身。

路边的树枝上，低挂着一只新鲜的黑绢斑蝶，下面人来人往，它都不以为意，假装熟睡。尖峰岭的蝴蝶真有安全感。

“下去1公里，有一条巡山步道。我们去那里吧。”上车时，我对世国说。

“反正听你的。”他很爽快。

我选的这条步道是鸣凤谷附近最宽敞的，另外几条小道都会进林子，不适合阴天。缺点是往下深入溪谷，得慢慢爬坡回来。

走了几百米，两边俱为茶地，一对老夫妻在地里忙着。世国走不动了，他是爱茶人，和他们开心地聊了起来。

此时，阴天转多云，四周变得明亮。茶地尽头正是旁边溪流的拐弯处，那里正好有一块空地。这样的风水宝地，是蝴蝶们喜欢的，我毫不犹豫地走了过去。

一只翠袖锯眼蝶警惕地停在高处，看来不能指望拍到它的正面；一只波灰蝶属的太残，翅膀仿佛失去颜色的旧塑料布，已看不出种类；一只曲纹袖弄蝶倒是完整，但是，值得吗？重庆也很多啊……

黑绢斑蝶

最后锁定了藏在悬钩子深处的绿裙蛱蝶，背面蓝灰色带较宽，是雌性。我曾经仔细研究过蓝灰色带的斑纹，发现挺多变的，有的波浪型，有的半波浪型。这一只的波浪纹接近消失，只剩小斑点，上次在废园看到的那只也是这样，尖峰岭此蝶的色型较为特殊？

我们会合后继续往下，到小桥时惊起一只翠蛱蝶，它在高处暂停时感觉很像鹰翠蛱蝶，但我记得海南没有分布，莫非是很像它的拟鹰翠蛱蝶？

这么一想，更觉可惜，因为我还见过此蝶。蛱蝶有一定可能会回来，我在桥的附近逗留了很久，还顺便拍了一只蚜灰蝶，直到希望渐渐破灭，才不情愿地过桥继续向前。

这是一个复杂的路口，沿溪下行的一条路渐渐没入比人还高的荒草，另一条穿行于灌木丛后有铁门把关，还有一条则进入另一片茶地。

铁门未锁，我们进去看了看，林木森森，生态极好，还见到一只丽拟丝蟌雄性。无人可咨询，不知为何有门，就不便深入。

沿着下沟的巡护道观蝶

绿裙蛱蝶

蚜灰蝶

剩下的那条野路，路口有一沙地，我远远就看到一只短尾型的穹翠凤蝶，附近还有几只灰蝶、一只白翅尖粉蝶。

“这个地方旱季来可不得了。”我四处看过后，很兴奋地说。

“旱季再来就是！”方世国淡淡一笑，观蝶几小时，他对蝴蝶的兴趣直线上升。

在沙地拍完后，我们进入泥泞难行的野路，路的尽头消失在茶地与森林的缝隙里。里面比较阴暗，但有灰蝶。我先是跟踪了一阵珍灰蝶，折返的时候，一只灰黄色的灰蝶在眼前扑腾了几下，停到高过我头顶的枝叶上，我踮起脚尖双手举着相机勉强拍了一张，还想调整姿势，它却径直飞走了。

这勉强按下的快门，却是上午最大收获，从未见过的纯灰蝶被收入我的相机。这种仅在热带出现的灰蝶，网上都搜不到照片，相当冷门。

我回到小桥边继续守那只翠蛱蝶，没多久，空中忽有雨点飘落，想着还须爬漫长的上坡才能回到车边，不敢耽搁了，我起身快步过桥。

“下雨不要紧，我们可以喝茶。”身后悠悠传来方世国安慰的话。

不过，并没喝一下午的茶，因为正在午餐时，灿烂的阳光已经斜照

穹翠凤蝶（短尾型）

进餐厅了。

半小时后，我们到了雨林谷，溪谷景色秀美，仿佛横向展开的画轴，处处皆有画意。看溪水和对岸，远比想象的宽阔。栈道与山崖之间植被繁茂，而靠溪水一侧就只有一些矮小杂灌。

雨林谷

正是一日中温度最高的时候，蝴蝶基本出现在靠山崖的枝叶上。我看到了相思带蛱蝶、绿裙玳蛱蝶、波灰蝶等。

在雨林谷拍摄（方世国 摄）

溪边也有乌墨树，长得像灌木，正逢花期，蜂蝶齐来。其他地方较少的统帅青凤蝶，海南岛特别易见，我虽拍过多次，见到它们访花还是忍不住举起相机抓拍，蝴蝶还是飞的时候生动。

纯灰蝶

统帅青凤蝶访花

异型紫斑蝶的蓝斑

1公里后，栈道出现缺口，可以从这些缺口步行进山谷。挑了一个无名山谷，我们一前一后，才走几步，我突然身形停顿，接着蹲了下来，微弱的快门声在寂静中响起。

一只异型紫斑蝶，正在一束光柱里不时打开双翅，这可太难得了。野外见过此蝶数十次，我从来都只拍到反面，它们飞起时正面的蓝斑才出现，却一闪即逝。

“得手！”我笑着站了起来。

“我也得手了！”身后也传来了笑声，原来，方世国黄雀在后，趁机也给我拍了一组工作照。

这个山谷可不简单，又走了几十步，我再次身形一顿，前面竟同时出现了两种环蝶，一是串珠环蝶，一是紫斑环蝶。本来后者更为少见，但残得太厉害，我就只拍了前面一种。

串珠环蝶

离开雨林谷时，我又在路边远远拍到一只白环蛱蝶，是初次见的蝶，属于环蛱蝶里的黑白环组，分类上特别令人头痛的一族，彼此非常相似。

晚上，我们在山庄的餐厅里继续聊着文学，也聊着蝴蝶。一位中年服务员路过时，看了我们一眼，停下脚步说："刚才厨房有一只紫斑环蝶。"

一个服务员，能辨认并说出罕见蝴蝶的名字，不由让我大吃一惊。立即起身跟着她进了厨房，可惜，蝴蝶已经飞走了。

和她聊了一会儿，原来她和丈夫年轻时都是尖峰岭山上山下的捕蝶人，为昆虫学家提供标本，可惜她丈夫有痛风，脚不方便，不然可带我们去主峰看金斑喙凤蝶。她手机上存了不少尖峰岭蝴蝶的生态照，好几种很惊艳而且我没见过，赶紧加了微信，以后可以互通信息。

白环蛱蝶

吊罗山步道

吊罗山

被窗外的阳光照到脸上，我醒了，想起自己是在海南岛陵水黎族自治县的吊罗山，翻身就爬了起来。

这是 10 月的一天，海南的热带雨林已经进入旱季，森林步道两边的草丛上挂满了露珠，空气也相当潮湿，感觉和同季的尖峰岭很有区别。

会不会是海拔的原因呢？我想，我所在的度假村毕竟海拔不到 1000 米，离最高峰还有 400 多米的落差。

灌木上的几只蜻蜓也挂满了露珠，沉重的装饰让它们动弹不得，见到人只勉为其难地飞到旁边的枝叶上，起飞和降落都有点笨拙。

很快，我就发现了黑绢斑蝶、绢斑蝶、虎斑蝶，都属热带常见，飞不动的我就顺便拍一下，能飞走的只目送，不追。

这条路上，最多的昆虫竟然不是直翅目的种类，而是蝎蛉。大蚊似的翅膀，蝎钳似的尾部——它们是清秀与阴狠的矛盾结合体。

我花了些时间，在树下追踪一只蚬蝶，确认是我在尖峰岭拍过的海南塔蚬蝶才收手，重回到路上。

一会儿就走不动了，前面的步道，被一条溪流拦截，对岸的步道似乎少有人去，路面已经长满了草。

像是一种讥讽，两只螅一起飞起，在对岸的草叶上停下。认出是线纹鼻螅后，我友好地呵呵一笑，并不打算理会。

此螅相当好看，但不是我此行的目标。一对弄蝶，有点笨重地飞了过来，半路还差点失去了平衡，仿佛是实习飞行员。确实，就交配而言，它们也应该刚进入“实习期”。我饶有兴趣地看着，直到它们在一片阔叶上停稳。

这是一对衣着极朴素的“小夫妻”，黄褐色之外，仅见前翅有不显眼的小白斑。

“刺胫弄蝶！”我脱口而出，又觉得结论下得太早，有点草率，还好四周无人听到我的草率。

拍了它们的“婚照”，低头看了看脚下的凉鞋，我突然有了主意：

蝎蛉

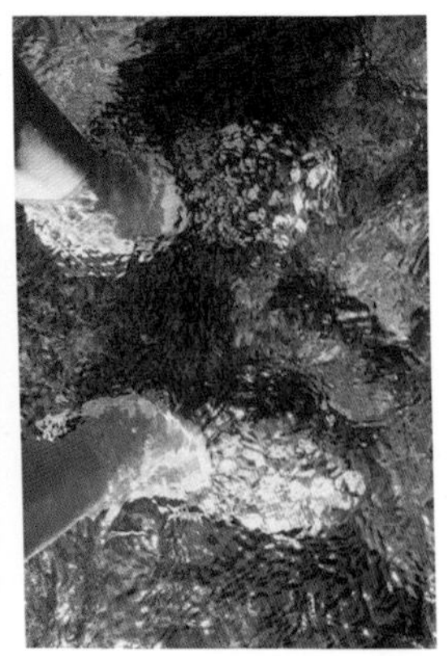
沿溪涉水徒步

绢斑蝶

刺胫弄蝶

不如溯溪而上，另寻个路口上岸，说不定还能拍到不错的蜻蜓。当年在五指山，我第一次拍到丽拟丝蟌，就是在溯溪时拍到的。似乎不管蜻蜓还是蝴蝶，对从水里靠近过来的摄影师警惕性很小。

走了1小时，一无所获，正有点后悔自己的孟浪时，一只黄色圆翅的蝴蝶出现在我眼前，就停在溪边近水的草叶上，仿佛料定了我会来到此处。

只见它黑斑大小均匀成串状，外缘还有蝶形斑纹，相当奇特。虽然体型不大，却有一种不可侵犯的气势。我只能勉强猜到它可能是眼蝶，具体是哪个属都不知道。

就这样见到了极为珍稀的豹眼蝶，后来查到名字我才反应过来，为什么它看上去那样威风，原来色斑总体上形近豹纹。我过于注意黑斑的局部，竟没发现这个特点。

回度假村吃过午饭，我采纳了工作人员的建议，下午去走游客上山

豹眼蝶

的步道。本来更喜欢无人的荒野小道，但最长的一条小道上午已经走过了，别的路都没法深入。

中午的阳光更加强烈，幸好步道总在参天大树里穿行，可以暂避锋芒。甚至，外面的空地出现了优越斑粉蝶，都不出去，反正拍过，宁愿拍脚边的苎麻珍蝶。虽然普通，但这一身黄衣要是在百年前的清代，还不是谁都敢穿的。

我挑选着目标，慢慢走着。这时，我看上一只天牛，手忙脚乱地追着拍，发现没拍好，返回再拍，折腾得满头大汗，才拍到这只黑尾台岛丽天牛。

黑尾台岛丽天牛

苎麻珍蝶

玫灰蝶

它展翅起飞时，有点像出了状况的火箭，东倒西歪好一阵才飞上天空，直接把我看笑了。

继续往前，梯步旁的灌木上，我的视线碰到了一只旧暗的玫灰蝶。这种灰蝶本来就低调，在这浓荫里就更低调，我是依靠它和植物的色差才发现的。

说是旅游步道，但自从我进来，没见到一位客人，可能他们都是一早登顶看日出，午饭后下山？记得早上出门徒步时，听到过游客们叽叽喳喳的声音。这算是另外一种福利——步道蜿蜒而上，串连在一起的热带雨林、野花飞虫以及远处的湖光，由我一人独享。

栈道又经过一道溪流，此山溪流众多，不用担心错过。唯一遗憾的是，我没有从中找到旱季蝴蝶的群聚处，以我对海南蝴蝶的了解，必有凉爽且潮湿的某处，蝶群沿溪畔展开，正像我在其他地方看到的那样。

正这样不甘心地想着，一只扇蟌飞上了栈道。有一种叫海南长腹扇蟌的，是海南岛的特有物种，所以我见到腹部远长于翅膀的，都会格外

黄纹长腹扇蟌

仔细地看看。这一只是黄纹长腹扇蟌的雄性，名字有黄纹，其实只有蓝斑。

前面树林更深、光线更暗，我想了想，干脆折返，不如去那个湖边碰碰运气，度假村不远处，就有一个小妹湖。一直远观，我还没有靠近过，说不定还有蝶群在湖岸呢。

距离出口不远处，有一个缺口，我从这里离开栈道，沿一条杂草丛生的小道向着湖边走去。小道尽头，一只蝴蝶停在泥地里，看着是异型紫斑蝶。此蝶遍布海南岛，所以我不以为意，径直走了过去。

被脚步惊起，它飞到空中，冲着我的方向飞来，再绕飞一圈，然后离开了。这是一种行为语言，被惊动的蝴蝶飞过来绕行，就是抗议后再离去的意思，不会再回到原地了。

就在它绕飞时，我突然双眼细眯，暗叫“不好”。虽然和异型紫斑蝶同为深褐色，此蝶的外缘却有着黄色斑带，此外，个头也似乎大些。自以为是的大意正让我错过一只好蝶！

虽然不抱希望，我还是循着它的身影追了过去，好在已走出灌木丛，

斑凤蝶

拟裴眉眼蝶

脚下是空旷的草地。它倒也没有一直飞，偶尔还在草地边缘短暂访花，给了我一些靠近观察的机会。

原来，这是一只异常型的斑凤蝶，深褐色带黄斑。斑凤蝶的雌雄基本同型，正常型是深褐色带白斑，我在版纳见过多次。曾经听说海南的五指山有异常型，但很难见到，没想到我在吊罗山碰上了，真是幸运。

草地上还是太晒，我退回到林缘，把双肩包挂到树枝上，在树荫里悠闲喝水，等身体温度降下来再恢复工作。

附近有蝴蝶，我就抓起相机冲出去，拍完再撤回。树荫下也会有眼蝶之类的，拍摄它们时头顶没有烈日，就可以不慌不忙慢慢来。

其中的拟裴眉眼蝶和裴眉眼蝶，我拍的时候以为是一种，后来查对时才发现细微的区别。眉眼蝶是一个令我头痛的家族，彼此相似，不少成员还特别多型。反复鉴定完，我仍有不踏实之感。

斯眉眼蝶

黄纹孔弄蝶

蛇目褐蚬蝶

晚餐时，可能因为游客太少，厨师也没有兴致，工作人员建议我不单点菜，就和他们一起吃。坐我身边的一位中年工作人员问我收获如何，我的回复是："收获惊人。"确实，一天下来，观察到的蝴蝶近30种，其中还有豹眼蝶这样极具观赏性的品种，观察过程更是充满惊喜。

"一般游客只走半天，你这样的少。"他说。

"还没完，我晚饭后还要出去的。"我笑着说。

他听完之后，脸上露出惊异之色，又迅速恢复如常，只是淡淡一笑。来的游客五湖四海都有，其中不少奇怪的人，他应该见得多了。

回到栈道一带，天色还很亮，我发现一只灰蝶，像是常见的酢浆灰蝶，似乎颜色偏黄。吃得有点过饱，我有点费劲才蹲下来。这时，我看出了差异，它外缘的斑纹浅到几乎消失，而酢浆灰蝶是很清晰的。

吊罗山的小妹湖

海南角螳

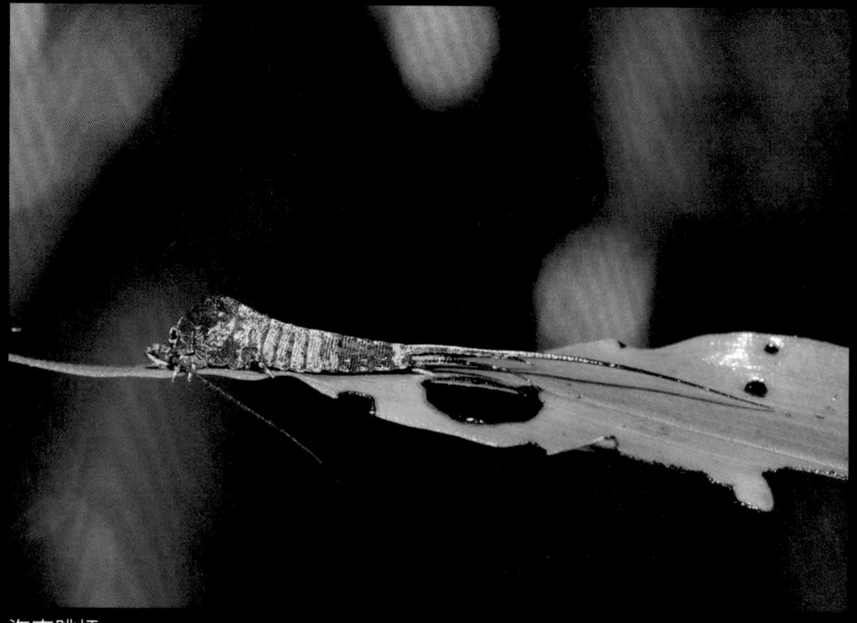

海南跳蛃

莫非，我拍到了毛眼灰蝶？我难以置信地睁大了眼睛。后来查对才确认，还真是毛眼灰蝶，就这样不费吹灰之力地增加了一个观蝶纪录。

深夜，还想扩大战果的我提着相机再次出现在溪边，本想拍摄白天见到的鱼类，刚拍完一只水中的虾虎，就被树上的东西吸引住了。

就在我身侧树干上，一只苔藓色的螳螂，头上顶着一对尖角，身上还有多处帆状的突起。拟态苔藓绝妙，战士造型犀利，这小螳螂真是妙极，我不禁啧啧赞叹。我已猜到，它就是海南特有物种海南角螳，还在若虫阶段。

吊罗山的奇遇还没结束，半小时后，我又在另一处发现一只石蛃，它趴在树叶上不停地甩动着身体，像空气中游泳的河虾。这也是海南特有物种，叫海南跳蛃。

毛眼灰蝶

呀诺达

9 月底的一个清晨，我从呀诺达热带雨林景区内的度假酒店走出，密集的鸟鸣声让人精神一振。

这是一个紧凑而丰富的雨林景区，徒步范围不大，能观赏到的物种却极为丰富，因为距三亚市仅几十分钟车程，被我看中。凡到三亚开会，我都会提前到达，先去那里看一天蝴蝶。

记得第一次入住此酒店，去房间放行李的路上，我就在小游泳池旁的灌木上见到一只弄蝶，全身干净无瑕的浅黄，无任何色斑，透过逆光隐隐能看出正面钩形色带。

走在前面带路的服务员，发现我没跟来，回头来找时，看到行李箱子正慢慢滑向游泳池，而旁边有个人单膝跪地，不管不顾地举着相机。

花容失色的她冲过来，拯救了箱子，而我拍到了从未见过的蜡痣弄蝶。

现在是上午 9 点，全副武装的我向着与酒店隔湖相望的山谷走去，这个区域被称为雨林谷。我习惯从湖边的路口上山，这样可以避开入口的众多游人。

昨夜有雨，空气潮湿并带着一丝菌香——我怀疑这气味就是来自树桩上的半透明小菇。它们密集地挤在已经变黑的木头上，像缩小了的异星森林。

阳光似乎还没有照到山脚。我先去有溪水绕行的栈道交叉处看了一看，那里是我的福地。我曾两次在那里见到丽拟丝蟌并近距离慢慢观察它们的一举一动，享受与神奇物种同在的时光。雄性的它们前翅透明，黑色后翅中间和翅端各有金色斑，美丽不可方物。此蟌是拟丝蟌科唯一成员，海南岛特有物种，也就是说，除了海南岛你走遍全球也见不到。

虎斑蝶

白带锯蛱蝶

火脉弄蝶

也是这样落下的水滴，把它吸引到栈道上来的。

它的黄翅上竟有银白、棕褐、半透明三种色斑，感觉是一个复杂而危险的配色方案，它却安排得妥妥帖帖的，记得当时我一边拍个不停，一边在心里暗暗称奇。

左顾右盼一阵后，我选中了一个小平台，这里天空的枝叶露出个蓝色窟窿，阳光的碎片洒在平台和附近的树冠上，是得天独厚的蝴蝶观察处。

放下双肩包，我满心欢喜地打量着眼前的雨林世界，相信它会为我略微松动，露出几只蝴蝶来。我只需要耐心寻找，耐心等待。

一只细灰蝶出现了，它本来是倒挂在革质叶片下的，阳光使它翻身一跳，就到了叶子上面，停顿了一下后，它非常缓慢地打开着翅膀，仿佛是慢动作，又仿佛翅膀是打开一对生锈已久的铁门，而门轴的转动十分费力。

细灰蝶

黄襟蛱蝶

我微眯眼睛，快速瞄准，连续按下相机快门，这可是难得的机会，首次在野外看到它露出了正面的紫色和外缘的黑色带。

错过几只路过的蝴蝶后，我又拍到了黄襟蛱蝶，它的前翅上黑黄色之间似有黄白色河流蜿蜒而过，这是一只带着河流轻盈飞行的蝴蝶。

现在，阳光已彻底统治了整个森林，蝴蝶即将从树冠逐渐下沉到地面和溪边去，我背上包，没有选择直接出去，而是准备往兰花溪方向走一段再绕行而下。

那一带的栈道两旁，我 2017 年曾发现过很多有趣的昆虫，比如豆尖头瓢蜡蝉，它全身翠绿，缀满黄色星斑。记得当时，有路过的小朋友问蹲着的我在拍啥，我就把这些小东西指给他们看，结果几个娃都惊得哇哇乱叫……到现在看到这张照片，耳膜还会感到一阵发痒。

豆尖头瓢蜡蝉

尖峰岭东方蜡蝉

还有一只“黑鼻子”的龙眼鸡，大咧咧地停在树干上，任凭我拍，我得以尝试多组参数，最终用大光圈拍到了满意的光斑背景照。后来，仔细对照了龙眼鸡，发现除了“鼻子”颜色不同之外，翅上的斑纹也对不上，于是我怀疑不是同一个物种。四处咨询，都说就是龙眼鸡。一年之后，研究人员发表了一个新种，命名为尖峰岭东方蜡蝉，正是这个难住我的“黑鼻子”。如果我足够专业的话，它的名字说不定就叫呀诺达东方蜡蝉了，不对，我还是情愿取名叫呀诺达龙眼鸡，更顺口。

这一次，没有这么幸运，前面人声鼎沸，导游的声音更是响亮，有大团队的游客来了。我想都没想，转身就“落荒而逃”，不如去其他小道碰碰运气。

山里寻蝶的时针，比在城市里转动得快多了，转眼已是中午。略有点腿沉的我低头略盘算了一下，雨林餐厅多半人头攒动，不如去梦幻谷口的夹子咖啡馆要个下午茶，有点心有咖啡，享受安静。

树上附生植物极多

半小时后，带着咖啡香气的我出现在谷中，满血复活。这里像一个无边际的雨林缸，溪流、奇石、大树和附生植物沿着山谷进行着鬼斧神工的各种组合，在任何一个地方站立或坐下，都会有清灵之气从眼帘进入心里。

谷中蜻蜓很多，最常见的是三斑阳鼻蟌，全年能见，它的雄性前胸正面有两个三角形的紫色斑，像神秘的族徽，辨识度很高。

旱季在呀诺达拍摄

三斑阳鼻蟌

海南长腹扇蟌

海南长腹扇蟌

异叶三宝木

泛光红蝽

我在入口不远处，拍到过宽带溪蟌、海南长腹扇蟌，和丽拟丝蟌一样，均为海南岛特有物种。海南长腹扇蟌的密度仅小于三斑阳鼻蟌，此蟌背部一对叶形黄斑，双侧各有一对长条形黄斑，能容易和其他扇蟌进行区别。

除了昆虫，有特点的植物也不少，且不说种类繁多的蕨类、苔藓和兰科植物，仅三宝木属我就在此谷发现三种：三宝木、异叶三宝木、剑叶三宝木。其中异叶三宝木的花朵是少见的黑色，算得上植物王国里的异类。

进谷若干次，我先后目击 30 多种蝴蝶，拍到过豹灰蝶、黄绢坎蛱蝶、角翅弄蝶等不错的蝶种，唯一例外的是春节期间来的那次，穿行了半天，只见到一只残蝶。

黄绢坎蛱蝶

一路寻蝶而下，在小桥的桥头，见林荫里一只蛱蝶前翅顶角凸出如钩，有黄色带贯穿前后翅，很是眼生，我靠近后它合拢翅膀竖立，反面形如枯叶。才拍几张，我的动作似乎惊动了它，轻轻一跳就飘然离去，不知所踪。后来查到，此蝶名为瑶蛱蝶，查对过程还另有惊喜，我随手拍下的一只弄蝶是籼弄蝶，我竟然把它当成稻弄蝶来拍了。

走出谷口后，天色尚早，这里是森林区的边缘，有一些果树和园林植物，感觉是蝴蝶喜欢的过渡地带，我没有急于原路返回，干脆沿大路继续晃荡。

在水沟上方，有一只黑丽翅蜻来回巡飞，雌性，翅上的蓝黑色闪烁金属光芒，比很多蝴蝶漂亮。它飞行时续航能力不强，耐心等了一会儿，

瑶蛱蝶

籼弄蝶

黑丽翅蜻

迁粉蝶

长腹灰蝶

红绶绿凤蝶

它果然在沟旁的草叶上停下了。

正拍得兴奋，却见蜻蜓的黑翅下方另有一只灰蝶，略似酢浆灰蝶，但前翅黑斑像一些小黑蝌蚪，前后翅亚外缘的线纹细而平缓。我果断放弃黑丽翅蜻，把镜头转向了这个小东西。

这是我一直试图寻找的长腹灰蝶，纯属意外相遇，忍不住满脸笑意。

这一天的惊喜还没结束，在一簇五色梅上，看见一只凤蝶前翅像绿凤蝶，但后翅中带镶有红色珠带，这就不对了。我一边拍，一边在脑海里搜索绿凤蝶属的种类，毫无难度地想起了它的大名：红绶绿凤蝶。

在云南元江，红绶绿凤蝶会在初夏爆发，成百上千群聚溪边，略有惊动时，天空中全是它们轻盈的彩翅，而海南的这只却如此孤独地来回巡飞，好在没有人类的多愁善感，它仍然轻盈、欢快地飞着，没有任何忧郁的迹象。

红绶绿凤蝶

布朗山的秘密

一

我冬天里的消遣之一，是泡上茶，在电脑里翻看历年进山积累的照片，察看蝴蝶，沉浸在它们神秘的图案和颜色里相当惬意。

2019 年的春节，我集中研究了连续几次去西双版纳布朗山的资料，越看越上头，特别是偶遇蝶群的场景，恨不得再次置身其中。以我观蝶的经验，西双版纳观赏蝶群的最佳时机是每年的旱季雨季交替时机。蝴蝶的羽化高峰会在雨季来临前夕，饥渴的它们会集中在潮湿的地带，形成蝶群。雨季结束时，蝴蝶们发现树叶变干，潮湿区域由整个大地缩小成了狭窄的几处，它们被迫再次集中起来。这样一年就会有两次——4 月和 10 月。

4 月再去布朗山看蝶群！这个念头就一直在我脑海里回旋着，以至于和朋友们聊天，也会提及。

“你确定能看到蝶群？”在一次茶叙时，一个女士忽闪着漂亮的大眼睛问我。她叫张欣，是重庆广电的名导。

在得到我肯定的回复后，她问：“我们可以跟你去拍不？”

“可以啊。”我习惯性地再次回复。说要跟我去拍蝴蝶的人太多了，最后都没去。

3 月底，张欣来了个电话，声音听上去很高兴，说给台里报了选题，跟我去拍摄蝶群的影像资料为做科普片积累素材，领导听说是跟我去，

布朗山生态

自告奋勇陪我察看的女士，也有了拍蝴蝶的兴趣

又加派了一个小组要给我拍个专题片。就是说，有两个拍摄团队要跟我进布朗山。

接完电话，脑袋里“嗡嗡”地迷糊了好一阵，我赶紧给布朗山茶农杨文忠打电话，说 4 月要来投宿，带着十多人的团队。

小杨见的世面多，一点不慌，反而安慰我：“李老师不担心，只要跟你来的，再多也能接待！”

于是，数日之后，我们真的出现在布朗山，把和蛮部落的茶室挤得满满的。

“这几天蝴蝶多不多？”喝了两口茶，我开始切入正题。

小杨迟疑了一下，看了看大家，才说：“李老师，你说要来看蝴蝶，我出门都在顺便看，很少啊，一天看不到一两只。”

整个房间出现了短暂的沉默。

针尾蛱蝶的雄蝶
拥有纤长的尾突

在我们进山的路上，已经有人在小声嘀咕，说一只蝴蝶也没见啊。我理解大家，团队从重庆远赴西双版纳，要是扑空，回去怎么交差？

“这就对了！到处看不到蝴蝶，就会有蝶群了。”我反而兴奋地拍了一下桌子。

“是是，李老师最有经验。”小杨和其他人都附和起来，未必真信我的话，但大家都友好地尽量避免出现尴尬场面。

吃完小杨和家人准备的午餐，我一边整理器材，一边问：“有没有人跟我去看蝶群啊？”

整个房间又出现了短暂的沉默，我感觉这沉默里有众人对现实的绝望——蝶群可能只在想象中了，毕竟进山后，没人见过蝴蝶。

还是女士心软些，有两个女士慢慢站了起来，然后转身去准备防晒的帽子什么的。我看了一眼，她们都不是摄影师，而是负责后勤或管理的。

门外烈日如火焰燃烧，藏不住一只蝴蝶的天空干净得可以一眼望穿，到这个时候我还确信有蝶群在附近，更有两位女士因为同情心慷慨“赴难”……其他同行者全部埋头吃饭，都很饥饿的样子，有可能是不忍心看这悲壮的场面。

我们穿过空旷的后院，同样没有一只蝴蝶的后院，沿着小道慢慢往下走。小杨家其实立足在两条溪流之畔，有一小桥连接着半岛，那个半岛的尖角正是我的目的地。在雨季来临前，先期羽化的蝴蝶会藏身于溪流带来的潮湿地带，从布朗山原始森林里出来的两条溪流的交汇地，应该是它们最喜欢的区域。对此我盘算已久，胸有成竹。

距离小桥不远处，我停下了脚步。“有蝴蝶！”我提醒两位女士。

“在哪里？”她们瞪大了眼睛，四下查看后，依旧十分茫然。

也不怪她们，桥面上略有反光，几只蛱蝶不仅藏于反光中，还头朝着我们的来路，这样它们只是两根短细线，完全看不出蝴蝶的样子。

灰蝶一组一组地分布在潮湿地带，这是一组白斑妩灰蝶

溪水有时会冲溅上来，让桥面略潮湿，它们就是因此才停落的。烈日下，它们会时不时扑扇一下收拢的翅膀，露出和环境极有反差的淡绿色。对熟悉蝴蝶的人来说，信息已经够多了，我甚至可以确定它们就是尾蛱蝶属的种类。

越来越近，果然，桥面上立着好几只尾蛱蝶，除了一只比较陌生的，其他都是大二尾蛱蝶。

我独自绕到桥下，这样不用趴下去，可以更舒服地拍摄到它们。为了拍到完整的那只陌生尾蛱蝶，我伸手把挡视线的大二尾蛱蝶轻轻拨开，它们很不情愿地飞起，在我头顶上转圈，仿佛某种抗议。我的动作引起两位女士的惊呼。顾不得解释，我不停按快门，同时快速地变换角度和相机的参数。

果然，灰蝶的后面，蛱蝶群、凤蝶群都出现了

这个尾蛱蝶群里，混进了文蛱蝶和白带螯蛱蝶

我对这只蝴蝶的格外关注引起了女士们的好奇，其中一位也靠近过来，举起相机拍摄。

“这只蝴蝶很特别？”她拍好后，转头问我。

“针尾蛱蝶！我还第一次见到呢。”我已经认出了种类，满心欢喜地回答。

尾蛱蝶彼此相似，但针尾蛱蝶的雄蝶的尾突最为纤长、清秀，标识性非常强。运气太好了，碰上的正是一只雄性！

我们继续往半岛形的泥滩上走，远远就看见灰蝶们一组一组地分散在草丛附近的潮湿地带，有十多组，总计百只以上，由妩灰蝶、波灰蝶和零星的其他灰蝶组成。我们的脚步惊动了它们，我们眼前的半空中瞬间全是飞舞的小翅膀。

我有思想准备，倒没什么意外，视线在努力穿过灰蝶群，看看远处有没有更值得观赏的蝴蝶。两位女士就完全惊呆了，其中一位在乱叫一通后冷静下来，拔腿就往回跑，估计是去叫摄像师去了。

果然，当我们穿过分布着灰蝶群的地带，来到半岛时，蛱蝶群和凤蝶群都出现了。那个泥滩上的蝴蝶总计超过200多只，非常壮观。

我大概扫描了一下这些气氛热烈的蝶群，目光停留在远处接近溪水的地方，那里有两只粉蝶，皆为黑黄配色，非常醒目。

我祭出了独家姿势，才在水洼里拍到艳妇斑粉蝶

艳妇斑粉蝶

一只立即就被我认了出来——锯粉蝶，这种珍稀粉蝶是布朗山的常客。另外一只是我没有见过的斑粉蝶。这两只粉蝶让我真正兴奋起来，远远超过了刚才见到针尾蛱蝶的兴奋。

斑粉蝶是我偏爱的家族，每一种的初见都令我激动万分。

不过，它们所停的环境相当杂乱，相机须贴着地拍过去，才能获得干净画面，地面太湿，没法趴下去。我一边想一边靠近，最后只得用了个奇怪的下腰姿势，以手支撑镜头，很吃力地才拍出满意的照片。

这时，来到现场的人很多了，他们对我这奇怪的姿势很好奇，举起手机就拍，还问我是不是经常这样。

中午之后，我们反复去到溪中的半岛，我把拍摄机会尽量让给他们，自己则在一边来回扫描，想发现更多的蝴蝶种类，特别是没有见过的。可惜没有，这一天我的个人蝴蝶纪录仍然是增加两种。

晚上，大家再次聚在小杨的茶室喝茶，气氛和上午喝茶时完全不一样了，人人有说有笑，气氛热烈，原来见没见到蝶群，还真是区别挺大的。

大家开心地聊到晚上十点，仍然兴致不减。习惯了夜探的我，打算去溪边看看有没有什么特别的“幺蛾子”，暂离茶席，拿着手电往后院

锯粉蝶

走去。旱季里的潮湿地带，蝴蝶上白班，蛾类上夜班。夜班相对更寂寞，因为来吃水的蛾类相对蝴蝶就少多了。

走了一圈，没发现什么有意思的，我只好悻悻往回走。路过一处堡坎时，发现有一根细小的蛇尾在石缝外舞动着，仿佛在向着黑暗的另一边打旗语。看尾巴我判断是无毒的黑眉锦蛇，好奇心顿起，想拖它出来验明正身，反正蛇小，正好欺负欺负。

我把相机挂脖子上，左手持电筒，右手轻轻拈住细小的尾巴，慢慢向外拖。怕它受伤，只使了很小的力。拉了两分钟，只出来一寸。慢慢来吧，我想。

这时，裤袋里的手机响了，我只好把电筒放地面上，腾出左手掏手机，眼前顿时一片漆黑。是一位外地朋友向我咨询重庆的事，问题很简单。快速回复完，感觉蛇出来了很长一段了，我重新拿起电筒，向右手方向一照。

这一照真的吓了我自己一跳——哪里是小蛇，长度远超一米，而且，也不是黑眉锦蛇。它的头在那一端向后缩并弯曲成一个问号——正是蛇类攻击前的典型动作。一惊之下，右手完全不受我的控制，条件反射地把蛇扔了出去。

这动作还没做完，我就连叫糟糕！我应该轻轻放下它，才会有观察和拍摄的机会呀。这该死的条件反射。

受惊的蛇立刻绕过堡坎，朝着草丛中钻去，我快速补救，预判了一下方向，几步跨到它前面去等着，只两秒钟，它的头就果然从草丛的另一端伸了出来，进入我的有效拍摄范围。后来经朋友鉴定，是繁花林蛇。

第二天一早，我醒来发现已经七点，蝴蝶应该刚起床，此时它们会就近找敞亮的地方晒太阳。蝴蝶是太阳能装置，早上充电完成才可自由飞行。稍晚，它们就会陆续往溪边飞。现在还没到点名时候。于是我又睡了一会儿。

大家吃早餐的时候，我正往外走，昨天一起工作了半天，他们已经知道我在这里的工作模式——又去给蝴蝶点名了。

刚出门，发现院里的地面居然有一只艳妇斑粉蝶，一动不动。

蹲下，我歪着头看了看，没见它伸喙吸水。莫非不行了？我小心地把指头递到它的脚边，然后慢慢挤向它，它被迫爬上我的手来。

于是，我就可以轻松地把它举到阳光里，仔细观察了。这一观察，又吃了一惊，哪里是艳妇，分明是隐条斑粉蝶，因为它后翅的中室斑带着明显的白色，而艳妇斑粉蝶此处为纯黄色。

隐条斑粉蝶

繁花林蛇

出发前，我还查过布朗山可能有的斑粉蝶，资料上说隐条斑粉蝶5月才出现，所以没有列入我此行的重点目标。可它就是出现了，真实、具体地停在我的手指上。

我控制住自己的兴奋，手指因为激动正微微颤抖。平静下来后，我单手持机拍了几张。

这样的动作还是惊动了它，又或许是置身于阳光中得以充电，它竟艰难地扇动翅膀飞了起来，越飞越高。

目送它远去，我赶紧低头看相机，照片清晰，蝴蝶种类特征明显，我高兴得在院子里独自蹦了好几下，才向溪边走去。

和我想象的不同，昨天热闹的半岛上相当冷清，只有零星的灰蝶。这和其他地方的热闹早课区别太大了。

之后，我每隔一小时，就离开茶席，过来点名。直到11点后，硕大的凤蛱蝶们飞来，泥滩才逐渐有了昨天的气象。

上午到来的蝴蝶

经过半日的观察，我才发现灰蝶们其实也是喜欢靠近溪边的泥滩的，早晨它们全部集中于此，但随着中大型蝴蝶的到来，翅膀扇动的气流让它们东倒西歪，这才很不情愿地陆续撤走，退而求其次，飞到二线的潮湿地带重新聚集。

另外一个发现，是针尾蛱蝶和大二尾蛱蝶的区分，只看尾突是不行的，蝴蝶的个体差异大，还得结合它们的其他特征，比如前翅的斑点。我就拍到一对，左为针尾，右为大二尾，但这次的尾突 PK，大二尾反而胜出，更为纤长。

在观察点蹲守，无数次从小杨家到溪边往返，是一件看起来很枯燥的工作，但我乐此不疲，因为每一天每个时刻，泥滩上都有可能出现意想不到的蝴蝶。比起沿着步道搜索及拍摄，观察和拍摄都更容易。

中午之后，出现了昨天没见过的蝴蝶。

一只梳翅弄蝶，悠悠然飘落到泥滩上，跳来跳去好久，才安静下来。这种弄蝶的特别之处是前后翅的外缘中部有明显的突起，看上去桀骜不

梳翅弄蝶

针尾蛱蝶（左）与大二尾蛱蝶，这次对比，大二尾的尾突竟然更纤长

驯。它确实也很独立，在国内梳翅弄蝶属就它一个种，独霸一属。幸亏我亲眼目睹了它的到来，否则，和泥滩几乎同色的它，远远看过去，是很难被发现的。

半小时后，一只浅褐色的粉蝶飘然而至，和梳翅弄蝶不一样，它降落后就收拢翅膀，原地开始汲水。看清楚后，我的心怦怦直跳，不得了，翅膀尖尖的，这是一只非常陌生的尖粉蝶啊。这个属的蝴蝶我此前只拍到过红翅尖粉蝶和灵奇尖粉蝶，都是万人迷的明星蝴蝶。其他颜值不出色的同类却从未在野外发现。现在，命运的齿轮终于又转动起来，一只尖粉蝶自己飞到了我的面前。我就这样拍到了低调而罕见的雷震尖粉蝶。

其实，来到这一带的，还有一些颜值很高的蝴蝶，比如报喜斑粉蝶、优越斑粉蝶，我略略记录，就让给同来的年轻摄像师。对他们来说，每一只蝴蝶都是新鲜和陌生的。

雷震尖粉蝶

年轻的摄像师录拍报喜斑粉蝶

报喜斑粉蝶

晚上的灯诱

在连续刷蝶之后，这天下午的后面时间我就交给了两个小组，一起到山顶寻访昆虫，在山脚设置灯诱点，在摄影机前完成访谈等等。

这样的配合时间里，我只拍到一只眉眼蝶。如果我们不知道小杨家后面藏着这么一个半岛形的泥滩，或许，我们也会认为4月的布朗山没什么蝴蝶。这样的秘密，布朗山或许还有很多很多吧。

另外一件值得记录的事情，是在灯诱点附近夜探、两位年轻的摄影师全神贯注地拍着几种螽斯时，站在他们背后的我，突然透过他们身影缝隙，看到一根熟悉的细白线蜿蜒在灌木上。来不及思考，我立刻伸手把他们拖回了公路上。原来，他们离一条伪装出色的毒蛇竹叶青已经很近了。

在困惑中，大家沿着我手指方向重新察看了很久，才看到了这条漂亮的绿蛇。

“不是眼神好，是经验，那根白线我太熟悉了。”我这样回答他们的感叹。当时还不知道，这条竹叶青还颇不寻常。2024 年，蛇类学者提出了竹叶青新种——兰纳竹叶青，我们见到的正是此种。

布朗山顶的林间小道

灯诱点附近的兰纳竹叶青

二

同年 9 月 30 日，我又掐着日子来到布朗山，一年之中观察蝶群的又一个节点到了。

整个夏天，我去了很多地方——云南的瑞丽、丽江，四川的米易，美洲的哥斯达黎加，欧洲的伦敦，毫无例外地都拍摄了蝴蝶，但心里一直惦记着小杨家后面的半岛形泥滩。

到的时间已经是下午，我又一次兴冲冲地穿过和蛮部落，向着溪边走去，和四月不一样，身边都有蝴蝶飞舞。我一边辨认种类，一边继续

保护区门口的第一座桥，极佳的蝴蝶观察点，但仍不足以和小杨家后面的泥滩相比

向前。

快到溪边时，我呆住了——雨季末端，溪水仍然保持着膨胀，两条溪流间的那个泥滩完全没入水下，没了！

原来，这是一个旱季里才露出水面的半岛，我傻眼了。

悻悻转身，顺着坡往下，到另一条水边去碰运气。小杨家门前，本来是两条溪，但他引了一条溪的部分水进山谷，准备修建鱼塘，因而也形成了宽阔的潮湿区。但由于不在蝶道上，蝴蝶相对比较少。

远远我就看见一只蒺藜纹脉蛱蝶，非常兴奋地起起落落，我跟了一阵，无法靠近，干脆放弃，蹲下来慢慢察看四处都有的灰蝶。

毕竟是在布朗山，灰蝶中常有奇品。很容易就找到一只穆灰蝶，它飞起时会露出正面的蓝紫色，停好后反面的灰白色相当低调。资料上说，穆灰蝶在国内仅分布于云南。但我在重庆的金佛山北坡曾经拍到过。所以，应该整个西南都会有，只是数量极为稀少而已。

穆灰蝶对外界不敏感，被惊动后只是附近换个地方立即降落——这是它变得稀少的原因吗？我不会错过这样的模特的，就不断惊动它，把它赶到背景有水洼的地方才开始拍摄。

此行主要是蹲点，所以我带上了超长灯臂的“狂人灯”补光，如果是沿蝶道搜索，就不会带这费劲的闪光灯组了。

穆灰蝶

拍到了光斑中心的穆灰蝶，我的心情开始变好。

此时，身边有好几只大中型蝴蝶，青凤蝶、巴黎翠凤蝶、散纹盛蛱蝶等等，相对来说，蒺藜纹脉蛱蝶要见得少些，于是我挪步去慢慢接近它，拍了一组。

回到灰蝶区，继续搜索，这次我盯上了一只飞起来正面有白斑的灰蝶，感觉很陌生，停落后，发现竟然是熟悉的钮灰蝶，我见过这个品种无数次

巴黎翠凤蝶

钮灰蝶

蒺藜纹脉蛱蝶

包括正面，没见到它有白斑呀？掏出手机，我用文字记录了这个疑惑，继续工作。后来查阅资料，才知道钮灰蝶的雌蝶，正面有着发达的白斑。孤陋寡闻的我，原来之前只见过雄性。

不知不觉，已在水边拍了两个小时，再次站起时我已全身汗湿，得赶紧回到荫凉处休息了。我又扫视了一圈，便快速往回走，在这个状态下一路也顺手拍了几只灰蝶。

回到茶室，喝了一阵茶，我才慢悠悠看相机里的照片，看着看着，我“唰”的一下站了起来——刚才半路拍的一只灰蝶，竟然是羊毛云灰蝶！这是我一直非常感兴趣的种类，据说它的幼虫是肉食性，和蚂蚁有着密切的关系。照片里确实有几只蚂蚁。

我赶紧提着相机往外冲，很快找到了那株植物，但羊毛云灰蝶不见了。我懊恼地连翻几个白眼，向自己抗议。

说起来，这一只可比之前两小时拍摄的其他蝴蝶有趣多了，当时为什么这样麻木，只得到一张半糊的照片。

淑珍细颈螽

羊毛云灰蝶

大斑尾蚬蝶

“这次多待几天嘛，李老师。”黄昏时分，小杨赶了回来，一身打扮不像茶农，倒像个建筑工地的包工头。

“就一晚吧，喝茶聊天够了。”我说。

“你不去后面守蝴蝶了？”他有点难以置信。4月我来的时候，确实一守就是好几天。

“水大，那个半岛没了。”我一脸苦笑。已计划好明天刷一天山，晚饭前回县城附近的勐巴拉。

“我去看看？”看上去像征求我的意思，实际上他同时起身走了。

我低头又在相机上看那只羊毛云灰蝶，想着明天会不会又见到它的身影。这时，后院传来了巨大而低沉的轰鸣声和履带撞击地面的声音。

谁把坦克开到后面来了？放下相机，我跑到露台上，这里一直是我的灯诱点，可以放眼整个溪谷。

一台橙黄色的推土机，像一个机器人，正东倒西歪地往两条溪流交汇之处驶去。我有点懵，不知道小杨要干什么。洗车？

懵了一分钟，我还是反应过来了，他这是要“人工造岛”啊。茶农小杨，竟然是个基建狂魔。

为了我的观蝶事业，小杨就这样用半小时时间强行从水流中堆起了一个泥石岛。为了方便我的行走，他还很仔细地用推土铲把土堆慢慢扒平。

晚上没有认真灯诱，基本上在喝茶聊天，不过我也拍了好些甲虫和直翅目昆虫，有一只细颈螽，最为罕见，颈部很奇特。

第二天一早我就跑到人工岛附近查看，整个土堆都湿漉漉的，还有不少小水洼，加上天有点阴，评估了一下，上午这里应该没戏，不如先去刷山。

开车去山里逛了一圈，在比较看好的几个点停车搜索，常见的青凤蝶等少了，有一只大斑尾蚬蝶比较特别，前翅斑点大得醒目，能明显区别于彩斑尾蚬蝶和银纹尾蚬蝶。这只警觉的蝴蝶，让我颇花了些工夫。

一大早就在屋檐下捡到一只五角大兜

我和“基建狂魔”小杨

涉水来到地面粗糙的人工岛上

到手后略一盘算，我马上沾沾自喜，尾蚬蝶属的种类已拍到 7 种。

观蝶者是另一种类型的收藏家，无实物，只有图像，甚至只有视觉记忆。但是冬夜里，喝着茶，电脑前一张张地展开自己的收藏，比较蝴蝶们的细小差异，快乐程度不亚于坐拥万顷宝藏的藏家们。

每张照片背后，都有线索和故事，甚至有着当时的阳光、温度和环境，还有什么纪念物能超过它们？

心里惦记着基建狂魔给我搞的小泥岛，眼前正午将至，烈阳当空，驱车就往回开。

来到溪边，远远就见群蝶起落，小泥岛已经变成了蝴蝶岛，我不由得喜出望外。从溪水里挖掘出的泥石，带着浓烈的腥味，太阳下比之前的泥滩更具吸引力，目测仅大中型蝴蝶就有百只以上。它们各自成群，物以类聚，形成了十多个蝶群。

我涉水上岛，首先瞄准了青凤蝶为主的一个蝶群，因为有两只绿凤蝶藏身其中。绿凤蝶纤巧精致至极，飞起来略似粉蝶，动作活泼，极有观赏价值，但拍摄难度也很高。蹲守拍摄，难度相对就下降了。

我很快就发现了 10 月观蝶的一个缺陷，和 4 月不同的是，多数蝴蝶经历漫长的雨季，接近生命的尾声，翅膀残破不堪。一年多代的青凤蝶之类，这个季节仍有新鲜完整的，但一年一两代的绿凤蝶之类，就很难有完整的了。

我只有慢慢观察，勤快移动，寻找合适的角度，让蝴蝶被拍出来相对完整，一种逛旧货店的感觉就这样涌上了心头。

网丝蛱蝶

绿凤蝶

正午时，阳光强烈，人工岛上全是蝶群

午饭后，我再次涉水上岛，眼前不觉一亮，在让人眼花缭乱的蝶舞中，一只橙红色、前翅尖尖的粉蝶独居一角，与世不争。

一个老男人，鼻子竟有点酸酸的。在西双版纳再次见到红翅尖粉蝶，竟然相隔了14年。当年为了寻找这种传说中的蝴蝶，我从野象谷起，经橄榄坝、基诺山，后来在勐仑镇附近的野河沟里终于得偿所愿。似乎缘分用尽，之后再未相见。没想到，现在在布朗山又见到本尊。

我蹲在那里，足足观赏了10分钟，才把视线移开，依次观赏其他蝴蝶。半小时后，烈日下口干舌燥的我起身涉水离开。为防中暑，我在烈日下一般停留不超过一小时。这样可以在状态较好的情况下，一路顺便浏览蝴蝶，避免出现昨天错过羊毛云灰蝶的事故。

路过后院时，惊起一只蛱蝶，它飞起时翅膀上泛起暗绿的光泽，仿佛阳光中的神秘法宝。我收住脚步，就地蹲下，希望它不至于直接飞走。

它在屋檐边停下，飞起，又在墙上停住。这两次停落，距地面近了两米。我心里踏实了，它应该还会回到地面，那里的水迹对它有吸引力。

阿波灰蝶 白带螯蛱蝶 银线灰蝶 红翅尖粉蝶

正这么想着，它再次飞起，直接向着地面飘落，并不把蹲在远处的我视为威胁。

我保持不动，刚落的蝴蝶警觉高，要等它吸食起来，才会逐渐放松。过了几分钟，我缓慢起身，很慢很慢地靠近，终于能看清楚它了。这只中型蛱蝶正面灰黑色，前翅外缘有一串红斑，后翅中区有白带，触角末端有橙红色对应那串红斑，相当讲究。

不敢靠得太近，我远远地伸手拍了一组照片，还想再靠近一些时，它振翅飞出了，这次不再停留，直接向远处飞去。

一边喝茶，一边查找资料，我很快就锁定了它的信息，是比较少见的姹蛱蝶。这个属我国仅两种，另一种锦瑟蛱蝶，我早就拍到过。

晚上的灯诱，又来了很多奇物，比如五角大兜，比如各种螳蛉。我最关注的，又是一头螽斯——叶状重螽，简直是拟态树叶的专家。如果不是灯光把它吸引到白布上，隐身树叶间谁能发现？

次日，起床后即有阳光洒下，我心想经过一天的暴晒，蝴蝶岛应该和昨天不同，不用等到中午才有蝶了。

我先一路小跑，去溪边打望了一番，蝴蝶多，却没发现什么特别的。

姹蛱蝶

叶状重螽

凤眼方环蝶

我没下水上岛，而是回房间洗漱、用早餐。

10点过，今日第三次去到溪边，我发现土堆边缘几块石头的阴影里，一只棕色蝴蝶在安静吸食。

深棕色的环蝶？难道是传说中的惊恐方环蝶！我慌乱地卷起裤脚下水，怕惊动它，没敢登岛，就蹲在水里拍了一张，这下看清楚了，原来是分布更广的凤眼方环蝶，只是阴影给它加深了颜色而已。

调整了一下呼吸，我从浅水处登上小岛，从纷乱的蝶群里寻找目标，继续好好当一个逛旧货店的客人。

几分钟后，就盯上了一只超级活跃的弄蝶，只见它反面耀眼的橙黄饰以黑色斑点，像一小块飞行的金子，一看就绝非凡物。事实上，昨天中午它也出现过，飞来飞去，一刻不停。当时我刚好找到拍绿凤蝶的角度，没法分心，只瞥了一眼。拍好绿凤蝶后，就没见到它了。

现在，机会来了，它在离我不远处停了下来。为不惊动它，我趴在地上，飞快取下狂人灯放在身边，然后把镜头递了过去，锁定后就连按了几张。

这是仅在云南、海南等地有分布的金斑弄蝶。其他的黄色弄蝶都是大家族，它却独占一属，的确非凡。

正午前的黄金时间，我简直没有喘气的时候，燕凤蝶、角翅弄蝶、黑燕尾蚬蝶、鹤顶粉蝶、鹿灰蝶……观赏性很强的明星蝴蝶接踵而至，搞得我手忙脚乱，同时又幸福无比。

角翅弄蝶

金斑弄蝶

燕凤蝶喷水

鹤顶粉蝶

鹿灰蝶

黑燕尾蚬蝶

三

我曾两次雨季造访布朗山，都是对昆虫进行全面的摸底考察，不敢把主要精力放在蝴蝶上。

2020 年 8 月的一天，我独自开了一辆大型 SUV，悄无声息地停在了小杨家门口。决心很坚定，这次只盯蝴蝶，连晚上的灯诱也放弃——这样白天的精力会好很多。

小杨正在厨房忙乎，我聊了几句，就提着相机往后院走去。

雨后的后院，很清爽，但没有什么蝴蝶，只有一只玉斑凤蝶不时停一下。我经过它，没有停留，径直向溪边走去。

溪水发出的“哗哗”声越来越近，这可是旱季听不到的声音，我渐渐看清楚了，两溪之间贴近水面的区域已全部消失在水下，这下连“基建狂魔”也应该无能为力了。

我叹了口气，回到后院。那只玉斑凤蝶还在那里飞着，不时停一下。

想起应该检查一下相机，比如电池是否电量充足，于是我拧下镜头盖，

衲补凤蝶

对着玉斑凤蝶按了几张。相机一切正常，电池也充足。

突然，我觉得有什么不对，赶紧回放照片，仔细看这只凤蝶的白斑——果然，反面的白斑有异，它连成一片而没有分成三片，最下面的白斑似乎还缺了一块。

发了一阵呆，我终于反应过来了，这不是玉斑，而是仅在云南、广西分布的非常罕见的衲补凤蝶。

后院空空荡荡，它已经不见踪影。还好我随手一拍，获得了一张清晰的照片。

想着午饭前还有点时间，我干脆又往溪边走，这次往未完成的水塘底部走。水再大，那里也会有泥滩区。

远远地看见有一块金色在闪耀，我想都没想就小跑起来并尽量放轻脚步。竟然有裳凤蝶下到溪边吃水了，这可是千载难逢的机会。平时，裳凤蝶属的蝴蝶都高高在上，只在树梢活动，想见一下不容易。

刚进入有效拍摄距离，我就忍不住按了几次相机快门，然后慢慢靠近，直到可以看到它前后翅的所有细节，确认是中国最大的凤蝶——金裳凤蝶的雄蝶。

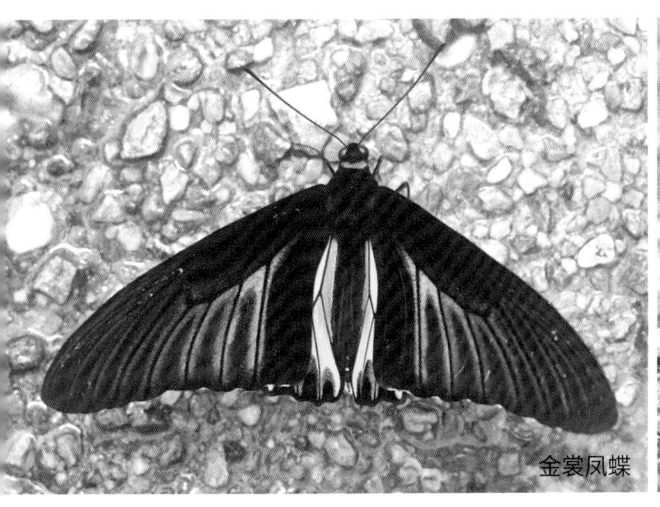
金裳凤蝶

金裳凤蝶

它太美了，微微抖动的后翅，灿如流动的金箔，看上去却更滋润、更有层次，上面的黑斑拖着阴影自带立体感。此蝶的华贵难以言表。

我在旁边站到脚麻，不敢移动，也不舍得走，只觉得自己幸运，无限幸运，才有这样的机会可以近距离观赏到它。

它在那里停留了五六分钟，就飞到另一处水洼停留。不想再打扰它了，我扭头看这个区域的其他蝴蝶，没有发现特别感兴趣的。

回到后院，此时阳光强烈，蝴蝶增多，我毫不费力地拍好了文蛱蝶和蠹叶蛱蝶，后者的正面很难拍到，所以也算是不错的收获。蠹叶蛱蝶的反面和枯叶蛱蝶很难区别，也是拟态的枯叶，同样惟妙惟肖，只是此蝶似乎更精致，更注意修饰，多一些白斑，整体带着金属光泽，多少有点拟态过度的感觉——让你模仿，没让你超越啊。

放下相机，正准备吃饭，我发现餐厅里有几只蝴蝶。这倒是小杨家的常态，甚至我养成了早餐前，先开门赶它们出去的习惯。

但有一只小小的弄蝶很不寻常，它的后翅反面有宽阔的白带，犹如高举一面白旗，飞着显眼，停着也显眼。终于，它飞到了门外的梯坎上，再不拍，就要错过了。

你是要向谁投降啊？我飞快取回相机，一边拍，一边忍不住嘀咕。就这样，我的蝴蝶影像收藏里，又多了一种蝴蝶——白带酣弄蝶。

吃完饭，我先到后院，再到未完成的水塘底部，然后绕行出门，把附近几户人家都挨个绕行了一圈。第一圈还不错，我在对面那家的院子里，见到了黄棕色的莱灰蝶。它的臀角一带非常抢眼：有白斑，还隐约嵌有绿色金线——抖动翅膀时仿佛自带一缕神秘的反光。

这个线路走下来很轻松，但后面几圈就没有如此开心的收获了。我见到的蝴蝶都是旧友，有时候只观赏，不拍摄。见到翅形特别完整的才拍，路过十多种蝴蝶，只拍了绢斑蝶和云南丽蛱蝶。后者其实并不常见，但在布朗山就特别多。

蠹叶蛱蝶

白带酣弄蝶

莱灰蝶

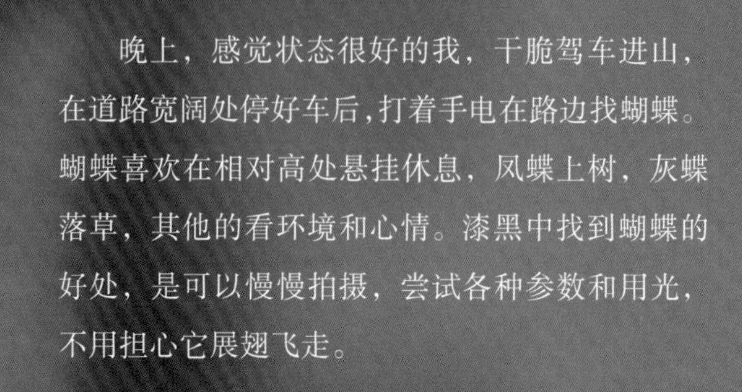

晚上，感觉状态很好的我，干脆驾车进山，在道路宽阔处停好车后，打着手电在路边找蝴蝶。蝴蝶喜欢在相对高处悬挂休息，凤蝶上树，灰蝶落草，其他的看环境和心情。漆黑中找到蝴蝶的好处，是可以慢慢拍摄，尝试各种参数和用光，不用担心它展翅飞走。

绢斑蝶

在布朗山拍摄蝴蝶

文蛱蝶

云南丽蛱蝶

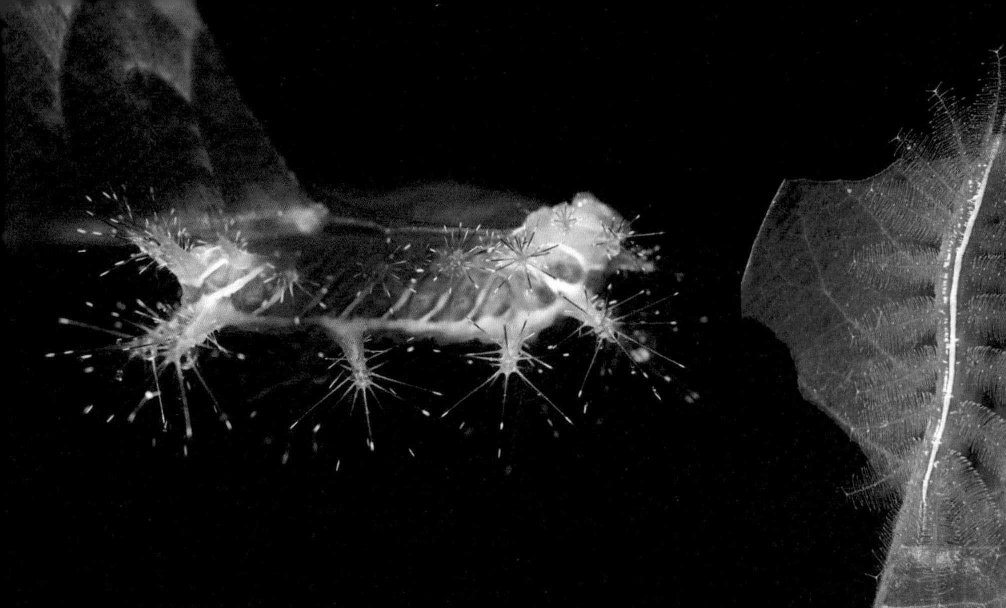

刺蛾幼虫

尖翅翠蛱蝶幼虫

整整两个小时的夜探中，我只找到了两三种常见的灰蝶和豆粉蝶，倒是意外地拍到两个漂亮的幼虫，把它们放在一起比较也很有意思——外形相似，身体两侧都有发达的棘突，但一只是刺蛾宝宝，另一只却是尖翅翠蛱蝶的宝宝。前者突显极具威胁的毒刺，让贪食者知难而退，后者的棘突羽状，能更好地和绿叶融为一体，两者采用完全不同的生存策略。

第二天一早，勐海县委宣传部的老佐也带着团队来到布朗山，我们在茶室里交流，其间，我还是忍不住不时去后院看看，阳光和阵雨交织，蝶情很不稳定，说不定就会有短暂路过的好蝴蝶呢。

“李老师，你手上有一只蝴蝶。”其中一次，当我转了一圈无功而返回时，宣传部的依腊副部长在门口微笑着说。

我低头一看，一只灰蝶正在我左手手背上吮吸汗珠，它反面呈银灰色，饰有橙色线纹，后翅外缘下方有橙色围绕的眼斑。我慢慢抬起左手，过程中它竟然短暂地展开了双翅——那美丽的深蓝色让我吃了一惊。

后来才知道，这是珍稀程度不亚于莱灰蝶的旖灰蝶。如果不是依腊碰巧下楼来，我可能就与它错过了。

旖灰蝶

旖灰蝶

彩灰蝶

红锯蛱蝶

红锯蛱蝶

下午，我们一起开车去戈新竜看古茶树园子。不过，他们要拍布朗山的宣传片，一路走走停停，我顺便拍了些常见蝴蝶，又和换上民族服装的小杨他们合影后，往古茶园方向徒步而去。问了下地里劳作的一位老人家，才知道往左往右走，都有古茶树园子，我选了右边。按他所说的，我从一座寺庙旁的隐约小路开始爬山，杂草逐渐没过膝盖，前面的坡越来越陡。我背着双肩包，小心地一步一步往上走，到了稍微平坦的地方，抬头一看，不禁呆住了。望不到边的古茶树连成了片，犹如悬挂在我的头顶。

小杨一家和邻居们穿上了民族服装，我赶紧跑去合影一张

布朗山顶远眺

这些茶树，和我见过的还都不一样，姿态优雅，虬枝舒展，像一群得道高人在这里聚会谈诗，风吹着它们身上的各种藤须，有如诗句纷飞。见有陌生人闯入，他们立即定住自己，免得惊吓了来客。

我从未见过如此丰富的树枝，上面长满了各种植物，我大致分辨了一下，仅一棵树上，就有兰科（我数出来四种）、苦苣苔科、萝藦科植物以及各种蕨类、苔藓总计 20 多种。简直太难想象了，就是植物园精心栽种的温室里，也难以达到这么高的植物种类密度。

像误入伊甸园，我围着一棵棵树痴迷地转圈，看它们的树形和枝叶，也看它们供养出的兰花、球兰花，心中充满了欢喜和宁静。不知不觉，我在杂草丛中踩出一大片平地来。

山下有白云，头顶有鸟鸣，我在空地中央放下了背包和相机，

尖囊兰
轮叶芒毛苣苔
球兰

待了一阵，才掏出茶杯来。

我曾带着布朗山的茶走过万水千山，靠它的苦涩和回甘解渴，靠它的香气鼓舞自己继续行走。而这一次，我在它们的老家，在如此美好的茶园里恭恭敬敬地小口品尝着，布朗山这部厚厚的茶书，似乎就在这样的时刻，在我面前不紧不慢地掀开了一条缝。

次日一早，我按计划开车进布农保护区内寻找新的蝴蝶观察点，被雨洗干净的雨林非常漂亮，走着走着，雨渐渐大了起来，我只好调整计划调转车头往山外开。

布朗山的天气就是这样，出山几公里，雨明显小很多，地面也相对干燥。见一路边店门前有蝴蝶，我干脆停了车，顾不上小雨了，先拍了再说。

几只蛱蝶毫不稀奇，但那只凤蝶却是少见的银钩青凤蝶。此蝶反面有一条贯穿前后翅的斑纹——上方银白色枪头形，下方是带拐弯的红色。与木兰青凤蝶类似，但气质更为英姿飒爽，有如带刀女侠。

店家的几个小孩，见我不顾泥泞，凑在地面拍蝶，都很好奇。有一个稍大的向我推荐，说前面往左分路，几公里后有一村子，穿村子而过，往下开到河边，蝴蝶成群，比布朗山里还多。

“下雨时也有？”听得我一阵心痒，忙问。

银钩青凤蝶

裳凤蝶

“雨会停的。”他站起身，看了一会儿天，很有把握地说。

告别几位可爱的小朋友，果然在前方往左分路，开往一条无名村道。几公里后就进了村子，我慢慢往前开，离开最后一幢房子，道路变得狭窄而有急弯。因为小孩说过可以开到河边，我就没有像平时那样先下车察看再往前开。

这一转弯，一切已来不及——我竟然莽撞地开上了一条极窄极陡还有两处转弯的小道。小道上有摩托车的车辙，我这才反应过来，他说的开车可能是说骑摩托。

此时退无可退，我让自己保持平静，集中精力慢慢往下开，一路小心地开到下面的平地，但这里距离河边似乎还很远，也没看到步行到河边的小道。

天晴了，蝴蝶很多。我就在驻车不远处，拍到一只裳凤蝶，它比金裳凤蝶略小，后翅上的黑斑边缘清晰，不带阴影。

小道的尽头有一个废弃的建筑，我进去看了看，没发现特别的蝴蝶，选择性地拍了珐蛱蝶和青斑蝶，这两种好像我拍到不多。

如果不是有可能被困在这里，我还会继续探索，拍到更多蝴蝶吧。但是焦虑影响了我的心情，匆匆搜索一圈就回到了车边。

花了足足十分钟时间，我才在狭窄的空间里调好头，本想先步行上去找人帮我守住路口，别让车下来，免得一会儿上下两难。后来一想，除了我这个外地人，谁还会开车到这里来？

于是，上车，我使劲按了几下喇叭，调整呼吸，鼓足勇气往上开。还好，我开的是一辆动力强劲的SUV，最终又慢又稳地开上了山顶的寨子，回到了大路上。

珐蛱蝶

青斑蝶

四

2020 年去过布朗山后，此地地处边境因疫情防控需要，我咨询过几次，都没能再往。2022 年底，各地管控放松，正好在西双版纳的我赶紧安排出大半天时间。12 点，我独自出现在小杨家。说独自，是小杨那天正好有事去镇上，知道我要来，就没锁门，让我可以在拍蝶之余进屋喝茶、休息。

走到后院，我发现鱼塘终于完工，一池碧水映入眼帘，而溪流经过几年溪床调整后，之前我最喜欢的那外半岛形的泥滩在旱季也没有了。

不过，以前跨溪的水泥桥桥洞被堵小，水从桥上漫过，形成了新的滩区。这个发现，让我很开心，虽然没看到任何蝴蝶，但地处两条溪流的交汇处，是绝好的观蝶点。

在那里待了半小时，只见到一只稻眉眼蝶。我把溪边的空旷地带仔细研究了一下，又去附近几家人的院子逛了逛，我觉得溪边无蝶的原因

稻眉眼蝶

是这里的碎石滩过于干净，只有清水汩汩流动。水清则无鱼，其实水清也无蝶。

在后院找到一个残破的铁锹，扛着去了对面人家，我在阳沟里掘出一块肥沃的淤泥，小心翼翼地端着往回走，仿佛端着珍宝。路过的村民都看得目瞪口呆，但布朗山人不爱主动问，只微笑着等你自己解释。我不解释，一路小跑从他们中消失了。

溪边很湿，因为有另一股小水经过这里才流过石滩、汇入溪流。这股小水流是小杨家引水入塘的水槽的渗水。把淤泥置于它经过的草丛，再略略搅拌，流过石滩的水就变得浑浊且散发出腥味。这个方法的绝妙之处在于，肥水会不间断地流出，不用人工再去加料续水。另外，观赏场景也保持干净，不被淤泥破坏画面。

半小时后，回到溪边，正如我所预料的，已是截然不同的景象——远处一只蒺藜纹脉蛱蝶起落不定，似乎在判断诱惑它的究竟是什么；中间三只文蛱蝶挤成一团，吃得很欢；而最靠前的是一只窄斑凤尾蛱蝶。其中的这只尾蛱蝶应该羽化不久，少年气盛，翅上还闪耀点点银色。在残破蝶为主的冬天，这样的新蝶足以让人精神一振。

太阳已把石头晒得微微发烫，我选了块坐下，这种坐等蝴蝶自己来“报到”的方式简直太舒服了。

一只彩蛱蝶的出场相当奇葩，一直跳着小步舞曲在其他蝴蝶之间乱窜。一般来说，新到的蝴蝶为了寻找发出腥味的源头会到处移动，找到后就安静下来，可它就是没有安静的时候。一时间，小一点的灰蝶都被扑飞，连粉蝶都有点稳不住，东倒西歪的。幸好蝴蝶没有声带，否则它一定会惹来集体怒骂。

为了稳住蝶群，我伸出一根细长的小棍，把它直接挑了出去。它倒也不生气，在远处独自继续跳舞。

窄斑凤尾蛱蝶

彩蛱蝶

小棍是我延长的手臂，它没有停下来，而是继续把锯粉蝶前面的文蛱蝶拨开了。锯粉蝶的颜值太高了，每次见我都会拍上一阵，永不厌倦。

今天的第一个惊喜终于来了——被那只冒失的彩蛱蝶挤走的粉蝶里，有一只报喜斑粉蝶干脆直接降落到溪水里，再也没起来。我好奇地走过去探望，看清楚踩在水里的粉蝶后，不由全身一震——原来，这是一只酷似“报喜”的红腋斑粉蝶。

“报喜”的后翅黄斑比较破碎，红腋则整齐排列，这是最容易区分的一点。

两者相似，但“报喜”铺天盖地，红腋却踪影难觅、相当罕见。我十年前的一个冬天，在西双版纳原始森林公园拍到此种，之后再无机缘相见。没想到此次在布朗山见到了。

下午两点，天色转阴，蛱蝶粉蝶都不见了。我的肚子已饿得咕咕叫，起身回屋，泡茶，弄自热饭。

再到溪边的时候，肥水流经之地，多了几只灰蝶。想起蝶友们都说冬天的西双版纳是珍稀灰蝶的季节，于是我一只也不放过，挨个记录。

很快，就收录到锡冷雅灰蝶和皮波灰蝶。前者反面灰白色、线纹粗壮，看上去比素雅灰蝶更高冷。

锯粉蝶

红腋斑粉蝶

锡冷雅灰蝶

皮波灰蝶

檠灰蝶

曲纹拓灰蝶

散纹拓灰蝶

连拓灰蝶都不放过，照样挨个记录。在野外的时候多了，我有一个基本的经验，就是你看到的未必是你以为的。这个工作习惯，这次给我带来了决定性的收获。

拍好照片后，我在相机上回放研究，发现有几只拓灰蝶有点不对劲，它们的气质像曲纹拓灰蝶，但前后翅的黑斑却不似后者连贯，呈散落分布。难道是曲纹拓灰蝶的一种低温色型？我这样想着。

这个疑团后来终于解开了，我拍到的竟然是檠灰蝶。这种极为罕见的灰蝶被《中国物种红色名录》评估为近危，以前只在海南岛被发现过。2021 年，有蝶友在勐腊发现此种，在西双版纳终于有了分布。我的发现，又为它扩大了分布区域。

下午 3 点后，撤离溪边，我这才发现身后多了一群少年。他们热情地邀请我加入啤酒野餐，因为要开车，我和他们合影交流后就告别了。

原来，我的秘密拍蝶点也是附近少年们的小众露营点。

和野餐少年们合影

五

2023年4月30日，正在景洪和勐腊寻蝶的我，忍不住抽出一天时间，又来到布朗山。雨季初期，是我在此调查蝴蝶的一个空白，这个缺口是必须补上的。

气温高，起床早，10点前，我就把车停在了小杨家前。

我又准备找铁锹，去对面院子搞肥泥，结果被小杨拦住并嘲笑了。他早就为我准备了蜂蜜水，还说这个是诱蝶最厉害的。

云粉蝶

蜂蜜水，我其实以前也用过，感觉效果一般。不过，用的场合不同可能效果差别大。我们一起到了溪边，按我指定的区域，小杨泼洒出蜂蜜水，一时间空气都变得甜甜的。

毕竟是雨季里的大晴天，蝶情极好，十分钟后各路蝴蝶就先后赶来报到。依旧是尾蛱蝶最先成群，灰蝶散落各处。溪流上空只见蝴蝶往来，彩翅飞舞，好不热闹。

我在这里打卡次数太多了。飞来的多是之前拍过的蝴蝶，所以我按部就班作记录，心里波澜不兴。

一只黄色的蛱蝶飘落眼前，看上去是波蛱蝶，等它平摊开翅膀停稳后，

蜂蜜水很快引来了蝴蝶

蹲守蝶点

我略为琢磨，发现有点蹊跷——它前翅的波纹更细密，后翅外缘是圆形而非波浪形。

这还是波蛱蝶吗？带着疑问，我更仔细地拍了几张照片。后来才查出，这是我国仅在云南分布的细纹波蛱蝶，密度很小，所以我在网上都没能找到生态图来对比。

有些蝶报到待一会儿就走，比如新月带蛱蝶、优越斑粉蝶。有些蝶就会留下来听课，仿佛这是一个甜蜜的教室，它们上完一节又一节，一个个一动不动，比如各种波灰蝶、各种尾蛱蝶以及文蛱蝶和锯粉蝶。

上午最吸引我的，是三年前曾在后院见过的衲补凤蝶。这一只显然

细纹波蛱蝶

衲补凤蝶

俯拍衲补凤蝶

尾蛱蝶群

对蜂蜜水极为上头，停在我脚边任由我拍摄，对无数次伸出树枝把它附近的尾蛱蝶拨开的动作视若无睹。有几次，它还平摊开翅膀，露出正面的一对精致的白斑、一对灵动的眼斑。

应该给你一个最佳配合奖啊！我一边拍一边想。

“李老师，我们得出门吃饭了。”身边传来小杨的声音。

“出门去哪里吃饭？”我有点懵。

“亲戚结婚，我答应了带你们同去。”

我扭头看了看，只见他衣着如常，并没有特意打扮，看来是亲切、随意的餐会，我一下子放松很多——我的裤子沾上了泥浆，原本想这样去参加婚礼本来还有点不得体。

波灰蝶属蝶群

婚礼现场

婚礼在戈兴龙寨子的小广场举行。新郎新娘各带一排伴郎伴娘立于入口两侧，亲友们鱼贯而入，有的聊几句打个招呼进去，有的只是对着新人浅浅笑一下。

我们可能是去得最晚的一拨，刚坐定，婚礼仪式就开始了。台上的说话应该很精彩，我旁边那桌不时传来应和的笑声，可惜我一句听不懂，张望了一会儿，干脆收回目光，专心吃饭。

为了不错过蝴蝶，我是自己开车开上来的，所以婚礼未完，我和小杨打过招呼，就悄悄起身，一路下坡直接把车开到了小杨家后院。

仿佛有预感，我提着相机小跑，看到溪边才放轻脚步。那里果然增加了几只新的凤蝶，它们拖着长尾，翅半透明宛如绿纱，仿佛仙女下凡。

我立刻想到了一种渴望已久的蝶：斜纹绿凤蝶。它们一年一代，只在春夏之交出现，在有些区域会形成大型蝶群。

远远拍了几张照片，果然是它，不由暗叫侥幸，如果我在婚礼上多待一阵，说不定会错过它们。

我放弃了所有其他目标，拍一会儿，观赏一会儿。拍地上落的，拍草上停的，也拍空中飞的。这些灵动的小型凤蝶，特别好动，加上天逐渐阴下来，拍摄并不容易。

优越斑粉蝶

斜纹绿凤蝶

斜纹绿凤蝶

它们前后给了我半小时左右的拍摄时间，才陆续飞走，这已经够了。

感谢布朗山，感谢这个不起眼的秘密角落，岁岁年年，非常稳定地给我提供意外的惊喜。

新月带蛱蝶

景洪以北

勐养的溪谷

勐养是西双版纳国家级自然保护区的子保护区，著名的野象谷位于其东西片区的连接处，是野象两个片区往来的必经之道。

野象谷是我2000年起开始的西双版纳热带雨林徒步考察的首批目的地之一，它的溯溪步道是观察蝴蝶的黄金线路，难度小，蝴蝶种类繁多，旱季溪边湿地更有蝶群聚集。足足有30种蝴蝶，我是在这里初遇并拍到的。由于步道和野象通道有交叉，人象冲突风险高，逐渐分段落被放弃。如今游人只能在悬空的栈道上行走，再想看看溪边的蝴蝶，只能用望远镜啦。

对这个区域，我恋恋不舍，2010年之后在此保护区外缘沿213国道寻蝶，重点造访其间的溪谷，从无落空，惊喜不断。饿了也不用回城区，野象谷附近的山茅野菜馆很多，吃完又可折回工作。另外，这些溪谷距离我习惯住的告庄双西景（当地人简称告庄）仅半小时左右车程，极为方便。

4月底，我打算重走景洪附近的观蝶线路，脑海里的第一个闪念是这一带的无名溪谷。

大清早下楼吃了米粉，我正准备背着双肩包去车库，脸上和额头各中了一粒雨点，我惊诧地抬起头，本来斜斜的朝阳不见了，豪雨将至。我只好默默回房，泡好茶，在床上挺直了听书。

一小时后，雨停，天继续阴着。我有点纠结，下楼转了转，竟在一店家门前的树枝上发现一只黑绢斑蝶，它正摊开湿漉漉的双翅晾晒着，仿佛一把水墨折扇。

看来，小区里也能拍蝶。我继续往江边走，柔柔江风中，又隔着栅

黑绢斑蝶

安迪黄粉蝶

栏拍到停在人家后院灌木上的斑凤蝶。难道是风雨把这些过路的蝴蝶挽留了下来？之前，我无数次在告庄散步，从未见到这两种蝴蝶。好运气没能继续，后面我就只看到豆粉蝶和菜粉蝶了。

中午，阳光洒下来，213 国道野象谷至勐养段落，我在熟悉的小道口停车，发现这里已修成了车道。凤蝶在头顶的树梢飞过，没有下来的意思，能靠近的就只有一只亮灰蝶、一只安迪黄粉蝶。我继续往前走，路边出现了一个建筑，竟然是避象亭。当野象经过时，来不及撤退的路人可以

斑凤蝶

避象亭紧急避险，这可是在西双版纳才能见到的特殊建筑。

我想都没想，转身就走。既然这里仍是野象通道，远避才是上策。心里有些遗憾，这条新修的土路，又被淋湿了，太阳晒晒，必有蝴蝶下来啊。

十分钟后，我到了另一个蝶点停车。这里的小溪被水坝截断，在下面形成了石滩，旱季时总有佳蝶。不过，要从公路下去并不容易，无路，草坡陡且滑。当然，这难不住我——在最滑之处，脚踩着树根或灌木丛稳住身子，再继续向下，如此反复就行了。我很快就到谷底。

石头从浅水中露出来，每块上都有灰蝶，我把双肩包放到一块大石头上，然后慢慢在灰蝶群里寻找目标。

多是波灰蝶、白斑妩灰蝶，偶有彩灰蝶和钮灰蝶。色蟌也多，我区分出三种。哪里灰蝶多，它们就在哪里盘旋，明显有点凑热闹的意思。稍稍靠近，色蟌就一哄而散，只剩下灰蝶。

见有避象亭，就没敢停车，继续往外开

很快，藏于芸芸众蝶中的目标就被我发现了。此蝶反面灰白色，中室和外缘各有橙褐色斑纹，眼斑处的橙色更为显眼，尾突小而精致，正是蒲灰蝶。

如果从翅基处开始观察，你会看到先是一个墨点，然后仿佛落入水中，分离出

蒲灰蝶

两种颜色的波纹，它们继续扩散到翅膀外缘时已有些模糊，然后其中的两色纹又在臀角附近旋转、沉淀出眼斑和眼晕。它用静态的图案妙不可言地包含着这样一个动态。

近十年，我的蝶友们野外目击此蝶的报告，都在西双版纳。我5年前曾在布朗山路边偶遇，惊鸿一瞥，全身被小闪电击中的惊喜感，至今记忆犹新。

这次我获得的拍摄机会更好，它非常安静地斜停在石头上，光线也正好。只是仍然没法拍到正面。

在石滩及附近草坡搜索了一圈，离开，我上车沿着213国道继续前行。记得有户人家，院坝极大，右边有个牛圈，我曾在那个院子拍到不少蛱蝶。比想象的距离远，我路过了好几处之前徒步过的溪谷，才到这户人家。

和主人打过招呼，进院。可能是时间不对，烈日炎炎，空旷的院坝竟然没有一只蝴蝶，屋后倒是悠悠转来几声牛叫。我走到院门处，这里有水龙头，地面有积水，按说是蝴蝶喜欢的，但就是不见蝶影，连灰蝶也没有。雨季已至，可蝴蝶们收缩于溪谷谷底的习性尚未改变，看来还

雅灰蝶

是按旱季模式寻蝶才行。

上车，我调头往回开。不调头的话，再往下开一阵，就到勐养啦。我把车停在一个乡村机耕道的入口处，慢慢往下走，此道涉水过溪，是我旱季观蝶的必到打卡地。

看来很久没有车在此涉水了，溪边路面很干，但来往蝴蝶不少。我想起车上有罐啤酒，应该可以试试诱蝶。把双肩包扔路边，跑回车边取来，我先泼水把路面浇湿，再把啤酒倒了半罐在略有积水的地方——这是我的独家经验，如果不找到能略积水的地方，啤酒倒完转眼就干，效果就差多了。

过了十分钟，就有一只大二尾蛱蝶飞来，本来就在附近的雅灰蝶也聚集过来，然后是一只白翅尖粉蝶。最后这个是我的目标，多次遇到却没拍到满意的照片。

正当我转身去取相机的时候，一辆摩托车快速冲进了机耕道。

“停！停！”我赶紧高呼。

来不及了，摩托车直冲向蝶群，涉水时溅起一片水花，到了对岸才停下。

骑手是个年轻人，他惊疑地回过头来，可能想知道我为啥叫停。

看着空中散开的蝴蝶，我向他挥了挥手："没事了……你走吧。"

我以为他会直接骑走，结果，他下车涉水走了回来。

"天气热，来一罐！"他笑着把一易拉罐塞到我手里，然后转身走了。不一会儿，对岸传来了摩托车的轰鸣声，然后，轰鸣声越来越小。

虽然不明白我为啥喊他，但他觉得我口渴且热。这善意的举动，犹如一缕凉爽的风让人非常舒服。

我低头看了看，是一罐饮料，啜了一小口，感觉香精味重。我还是更喜欢自己带的生普。干脆把这罐糖水，代替啤酒倒在了我的诱蝶点。自己则躲进了灌木的浓荫里，这样可以少晒一会儿太阳。

在那里站了一会儿，发现对岸的灌木上，有一只黄色蝴蝶忽闪忽闪的。举起相机远远看了一下，竟然是一只珐蛱蝶，它弯曲的腹部在不断凑近树枝，我的天，是在产卵！

珐蛱蝶产卵中

在树枝上找到一粒蝶卵

机会太难得，我赶紧踩着石头小跑过溪一通狂拍。它飞走后，我在树枝上找到一枚刚产下的卵。把它举在空中，只见一只半透明的帽子四周镶嵌着同色珠链，温润如玉。观赏了一阵，我小心地把带卵的小树枝固定回灌木上，过几个月，希望它能顺利变成一只黄色蝴蝶。

回到诱蝶点，发现多了一只浅灰色的灰蝶，一眼可见是咖灰蝶属。我拍到照片，放大研究，反面看到前翅近顶角的外缘上的斑点，正好在两道横带中间，确认是咖灰蝶。如果这个小点紧贴中部横带，那就是蓝咖灰蝶了。

我曾经在一个分享会上谈到咖灰蝶属的这个分类技巧，有人提出，他拍到过没有这个斑点的咖灰蝶，那该如何办？我回答说，我也拍到过这样的个体。没有斑点，斑点周围的白斑仍在原处，同样可以据此分类。

来了一只绿凤蝶，没有停住，只在附近绕飞一阵，就往下游飞去。

咖灰蝶

温度很高，灌木丛里的浓荫也没有了，我决定撤退以保存体力。本来，这里肯定会有别的蝴蝶来的。

可惜了一罐啤酒加一罐饮料啊，发动车子的时候，我这样想着，叹了口气，当时为什么不只倒半罐呢？

下一站，是我最喜欢的一个无名溪谷，2013 年春节我在此处发现并拍到了很多没见过的蝴蝶。我在小桥边停好车，侧耳仔细听了听，下面有水流声，放下心来，背上双肩包，从公路对面进入树林。

以前那条小路，走的人应该很少了，要勉强才能从杂灌中辨认出路来，我很费力地走了几十米，本该出现溪水的地方却变成了旱地。

继续向前，发现我真的找不到原来那条溪流了，它消失了。如果只是旱季的断流，那么以前的溪床应该在，也看得到雨季水流的痕迹，但什么也没有。

2013 年春节，我在勐养子保护区的边缘溪谷寻蝶

我望着无区别的旱地以及整齐的杂草，暗自叫苦。这条绝好的蝶路竟然就这样蒸发了。

我蹲下身子，仔细听，远处的杂灌里有隐隐的水声传来。原来，溪水不知何时起改道了，它不再穿过宽阔、空旷的地带，而是贴着山崖的密集杂灌直接流向了桥下的涵洞。

小溪容易改道，小河总不会吧。我突然冒出个念头，干脆，回到公路上，另一边就是汇集着溪流的小河。既然缺少雨水，小河说不定会露出潮湿的滩区来呢。

在白白消耗半小时后，我从停车点的附近寻缓坡往下穿行，很快就来到小河边。

丰水期这里水深过膝，我曾几次想蹚水而过未成，如今它瘦得只剩下了河床。水浅得多数石头都露出了水面，流水在石头下半部缓缓而过。两岸都是浓密的树林，只有被过滤后的碎片阳光飘落到水面，画面倒是有着别样的幽美。

再仔细一看，这些石头上多少都有灰蝶停留，空中也有色蟌和灰蝶的翅膀不时闪耀。

美姬灰蝶

这正是我最喜欢的场景——小河瘦成了树干和树枝，而各种蝴蝶成为了树叶。和真树不同的是，纷纷落进天空的树叶，还会重新回到树枝上，并偶尔露出金属的光泽。

看了一阵，我才小心地走到河床上。灰蝶的主力仍是波灰蝶属和妩灰蝶属的，前者以波灰蝶为主，牢牢占领着它们感兴趣的石头，偶见娜拉波灰蝶；后者比较分散，它们只对石头上的鸟粪感兴趣，空无一物的石头上很难见到它的身影。

波灰蝶

拍着拍着，我发现一只钮灰蝶不太对劲儿，个头小些，更主要是前翅上的点纹变成了灰色波纹，后翅倒是仍有醒目的点纹。“咦，这不是那个啥……”我在脑海里拼命搜索，近似的灰蝶图片接连闪烁，终于想起来了，这不是让我对着屏幕羡慕了很久的美姬灰蝶吗？人家都说在版纳容易见到这蝴蝶中的小美姬，可十多年来我从来没遇到。现在知道原因了——它在野外和钮灰蝶如此接近，很容易被错过的。

拍好照片后，我立即放下相机，跑回岸边喝了一口茶，算是庆祝这个开心的收获。

娜拉波灰蝶

石头上停满了波灰蝶

河床上的波灰蝶，说来也非常奇怪，它们其实是有选择地挑出石头，再集中聚集。我在一块小石头上轻松数出 15 只，而其他石头上不过一两只而已。每走过一段，我就会发现一两块这样格外受波灰蝶偏爱的石头，估计所含矿物质正是这个精灵家族感兴趣的。

背上包，我沿着河道慢慢往上走，上游有一段上方更空旷，太阳直晒下来，估计会有其他的蝴蝶。

看见有蛱蝶起落，无非是大二尾蛱蝶、翠蓝眼蛱蝶和钩翅眼蛱蝶，都有点残破。不过，这只翠蓝眼蛱蝶经历时间的磨蚀，气质上反而更胜青春一筹，相当耐看，我忍不住连拍了几张。然后，在一潭静水中远远看见了小律豹蛱蝶的雄性。它的前翅后缘有着橄榄色的过渡色带，后翅后缘的过渡色带又掺进了明亮的蓝色，非常迷人。可惜，没给我太好的拍摄机会，远远地就飞走了。

下到河床以来的第二个惊喜出现了——一只立在石头上大吃大喝的灰蝶，初看是黑灰蝶，再看却有着明显的差异，却是我从未见过的点黑灰蝶。

就一个下午，就增加了两种没见过的蝴蝶记录，勐养的溪谷仍然含蝶量极高啊。

小豹律蛱蝶

点黑灰蝶

翠蓝眼蛱蝶

基诺山的雨林徒步

春节期间，我在手机上看雨林的小视频，无意中看到基诺山雨林徒步的场景，不禁大吃一惊：涧深林密，水清滩浅，游人在雨林场景中轻松穿行，这是我到过的基诺山吗？

十多年前，为了寻找几种好看的蝴蝶，我多次在基诺山基诺族乡（以下简称基诺山乡）附近寻找适合徒步的地方，可放眼全是橡胶树，找到的几个自然林山谷规模都比较小。印象中，继续沿 213 国道过龙怕后路边的植被才会好起来，那一带已经接近勐腊县的勐仑镇了。

去勐养溪谷徒步的第 2 天，大清早我就驾车来到基诺山乡，此处在景洪的东边略略偏北，从告庄出发仅 30 多分钟就到了。

但是，寻找雨林徒步的入口并不容易，我咨询的几位老乡都直接回答容易迷路，乡里不让进去，因为已经发生过游人迷路的事情。其中一

爪哇决明，盛花期一树成景

位老乡说找向导带可以进去，问如何联系向导，又一脸茫然地摇头。

干脆，向乡政府求助吧，此次徒步，给合作多年的报纸报过选题，他们极感兴趣。我也需要一些乡里的相关资料，网上查的怕不准确。

把车停在乡政府机关附近，我上楼找人咨询，几乎每个办公室都很忙，人员进出频繁，无意中竟走到了乡党委书记办公室门口。我想都没想就敲门进去了。非常幸运，冒失上门咨询的我，受到乡党委书记刀露的友好接待，她亲自打电话把我安排到上午进山的一个雨林徒步团，还推荐了附近一个特色寨子希望我去看看。

去往那个寨子的半路上，我停车了。路旁一棵正在开花的爪哇决明一树成景，像白昼的焰火热烈夺目，势不可挡，谁也会忍不住下来观赏一番的。

寨子里整洁清爽，家家有花，阳光照到的地方蝴蝶飞舞。美凤蝶拖着白裙从空中掠过，波蛱蝶在花园角落忙个不停。

见我在他家门口拍蝴蝶，一个着基诺服装的老太太出来看了看，笑

波蛱蝶

着离开。过了一会儿，又出来问我要不要进去喝茶。

负责旅游团的小伙子骑一辆摩托车过来，把我带到巴漂村。然后让我转乘景洪过来的一辆中巴。车上是一群喜气洋洋的年轻人，女生多、男生少。问了一下，原来在城里就可以报名参加，自己准备好装备就行。

中巴拐进土路，几公里后就到达了目的地。下车一看，这里的路侧，已整理出能停五六辆车的场地。我有点困惑，身边仍然是熟悉的橡胶林，热带雨林在哪里？

向导向山坡下指了指。原来，徒步线路的精彩之处竟是在山脚的沟谷里。

面对向导，年轻的游客们选了更有难度也更有野趣的徒步线路，此线路走了两百米后，狭窄山道就消失了，得沿着溪流继续前行。

旅游团顺着溪谷穿行

向下，再向下。这条野路的风格，就是不顾一切地往下。

溪流可不是路，有些段落和小道差不多，有些段落却是垂直而下。除了我和向导有负重，其他人都是轻装上阵，大家互相帮助（包括互相照相，越险的地方拍得越欢），一路欢笑到达谷底。

这就是我在手机上刷到的另外一个基诺山了——参天大树上藤蔓缠绕，溪谷底部堆积大小不一的石头，浅

红标弄蝶

水里能看到小鱼游动，因为两边是陡峭的岩壁不利人类活动，这里保持着完好的雨林生态系统。任何一个角度拍过去，都有着氛围值拉满的雨林气象。

向导让大家休息一下，顺便进行一个本地“非遗”的展示，是用溪里的原石磨制出颜料，在脸上勾绘简单的彩色饰纹，愿意体验的就可以排队参加。不一会儿，几位年轻的游客就换脸成功，有了土著风的狂野之美，简直有如魔术。不过，多数尝试者只愿意选个颜色画上一笔，

向导用原石磨制颜料

有点像打了个团队记号。

“老师，要不要给你来一笔？”向导笑着对我说。

“算了算了。”我赶紧提着相机起身，不如去下游寻蝶，那里略有阳光射到谷底。

向导头也不回地吼了一声：“单独活动的，最远不能离团队50米以上。”

“收到。”知道是吼给我听的，应了一声，也没回头。

石头上，几只灰蝶围着一点鸟粪吃得正欢，似乎对我的拍摄视而不见。为了获得正面角度，我微微移动了一下，它们竟然一哄而散。这些小家伙，装得很深啊。我没有移动，保持姿势不变，果然，有一只胆大的飞了回来。

几只是同一个种，最初我以为是琉璃灰蝶，但查验后翅 cu2 的标志性灰斑却懵圈了。通常以这个标识来区别妩灰蝶和琉璃灰蝶这两个形似的属，连成弧斑是妩灰蝶，断成两截为琉璃灰蝶。眼前这几只后翅的点斑分别就是琉璃灰蝶的特征，但标志性的两截灰斑却又连在了一起。

薰衣琉璃灰蝶

现场无法查证，只好先记录。我后来查阅资料才知道，凡事都有例外，琉璃灰蝶属的熏衣琉璃灰蝶，后翅 cu2 的灰蝶就是破例连在一起的。蝴蝶的这一课终于在基诺山补上了。

阳光下，两只红标弄蝶互相追逐得十分激烈，我观赏了一会儿，没看懂它们的故事，不知是不是同性争夺地盘。再往下走，可就走出 50 米范围了。我转身往上游走，那边毕竟还有 50 米嘛。

独自往上，接近 50 米距离的地方，同样有灿烂阳光。因为前面几十米都没蝴蝶，我的脚步走得有点随意，直接惊起了一只硕大的蝴蝶，它的形状和正面的蓝紫色显示是我苦寻多年的紫斑环蝶。此蝶在版纳不算罕见，但我几次都与它擦肩而过。我懊恼地张大了嘴，紧盯着它离去的方向，眼巴巴看到它径直拉高飞到峭壁上方的灌木里去了。

继续向前，须手脚并用攀上岩石，绕过一处深水，却又惊起一只中型大小的棕色蝴蝶。还好，这只在远处的石头上停下了。我远远拍了一

终于下到谷底了

罗蛱蝶

资眼蝶

张照片，大喜，果然是好地方啊，又是一只分布范围极小的珍稀蝴蝶——资眼蝶。

在大家结束休整，一起溯溪而上的时候，一只被惊动的罗蛱蝶飞到我的眼前，我赶紧各种角度地拍了一组照片。

再往前，想要绕开溪水就不可能了。除了带有防水鞋套的人，其他的都和我一样，直接踩进水里，"哗啦哗啦"往前走。双脚的感觉真是陌生又古怪，有明显的不适应和不舒服，但又仿佛重新体验到一丝孩童似的欢喜。

旅行团的野餐，有惊艳之感，野趣足、味道美，年轻人连声赞叹，一边吃一边拍，高兴得很。我吃得飞快，因为这里是溯溪行最宽阔之处，又是正午阳光充足时，得抓紧寻蝶啊。

深涧里的阳光就是珍贵，很多被晒到的灰蝶都罕见地平摊开了翅膀。

没有合适的鞋，只好直接下水

领队陪着我找蝴蝶 (周炜 摄)

丰盛的野餐，太好吃了

溪谷徒步

珍灰蝶

一只非常陌生，不过，我很快就想起了它是谁，如此长的尾突，只能是珍灰蝶了。

珍灰蝶堪称灰蝶里的九尾狐，它飞起的时候，真能把4根尾突旋转出九尾舞天的感觉。

多数时候，我们只看到珍灰蝶的反面，我疾走几步靠近想趁机补上空白。可它机敏得很，迅速蹿起，飞到树梢停留。过了一会儿，它落到另一个地方，照样平摊开翅膀。当我再次靠近时，它又会迅速蹿起。如是反复，我们两个算是棋逢对手，大战了十来个回合，终于还是被我拍到了正面。

接着，我又开始跟踪另一只同样活跃的黄裳眼蛱蝶，新的一局又在古木森林的溪边开始了。

这个过程中，我的动作肯定显得有点古怪，引起了别的徒步团的一个年轻姑娘的注意。她离开等待吃饭的团友们，悄悄对我进行了跟踪拍摄。

明白我是在拍摄蝴蝶后，这位名叫周炜的姑娘又友好地帮我拍了好几张工作照——有好奇心的人最可爱了。

此时，吃完饭的同行者在此参加休闲项目，有的爬树，有的荡秋千。领队专门过来关心了一下我，表扬了我野外经验丰富，还特许我可单独溯溪而上，和团队的最远距离也由 50 米增加到 100 米。

爬树和绳降，是年轻人喜欢的项目

我看了一阵爬树与绳降，又到半坡上参观秋千。秋千是在极高处的树干上垂下来的，荡的幅度很大，可以俯视下面的溪谷，应该很有趣。当然，恐高的人还是不行，有位姑娘就在高处被吓哭了，要求赶紧救她下来，这还真做不到，得让秋千慢慢减幅才能停下。她下来后，一屁股坐在地上抱头又哭了一场。可能哭声过于响

黄裳眼蛱蝶

黄裳眼蛱蝶

君主眉眼蝶

溪里吸水的灰蝶

亮，一时竟没有人敢上前安慰。

在她的哭声中，不远处的一片枯叶翻了个身，引起了我的注意。我赶紧离开梯步，费力地穿过齐腰的灌木丛，才看清了这片能动的枯叶，果然是一只蝴蝶。

此蝶反面大面积棕黄色，只有后翅有眼斑，前翅顶区白带，转折后白色减弱贯穿后翅，形成前后翅的浅色亚外缘，看上去相当霸气，正是眉眼蝶中的珍品君主眉眼蝶。我一直觉得这个属中，就它和白线眉眼蝶最好看。

回到溪谷优哉游哉溯溪，我见到不少灰蝶。有一只在浅水处只顾吃水，差点被我踩中。它全身是好看的蓝，我没见到反面还不敢确定种类，感觉比较接近之前拍到的熏衣琉璃蛱蝶。

下午两点，徒步团从上游慢慢走出溪谷，开始爬山。这里的山道，比下山的野路好走多了，但跋涉了几个小时后，大家体力消耗大，要从深涧上重新走回坡面的公路还是一件不容易的事。

走在最前面，领先全队 10 分钟左右，我反而是最轻松的，一边寻蝶，一边慢慢往上。有时，还拐进溪谷的分支去搜索一番。可惜除了美眼蛱蝶和中环蛱蝶，这一路没看到特别感兴趣的蝴蝶，还是之前的谷底生态是最好的。

和大家分手后，一看时间还早，我干脆去了路上看好的一处小山谷。这条步道通行难度不大，里面树太浓密，有鸟鸣，散步清凉，蝴蝶就比较少了。只在一株分泌树汁的病树上见到一只螯蛱蝶。

离开前，我在公路边的灌木上见到一只金斑蛱蝶，它很特别，酷似有毒的金斑蝶，应该是一种拟态行为，通过模仿有毒动物让天敌放弃。停留时间太短，没给我太多拍摄机会。

金斑蛱蝶

神秘的纳板河

要说景洪附近的观蝶去处，除了勐养、基诺山，还有一个更神秘的去处：纳板河。当然，我是把几个公园排除在外的。

纳板河流域国家级自然保护区，是我国第一个按小流域生物圈保护理念规划建设的多功能、综合型自然保护区，在这里，自然和人类生活保持着漫长而彼此友好的关系。这个保护区面积不小，横跨景洪市、勐海县，相对来说，从景洪出发去往保护区外缘的村寨观蝶，更为便利。4月，我计划了一天时间去，出发地是勐海县的勐巴拉，结果增加了和当地文友的交流活动，就剩下两三个小时了。我只好取消此行，临时调整成去县城附近一无名山谷，据说那里有飞瀑。

我和同伴在无名山谷寻蝶

开了很长一段乡村土路，到了山脚，阳光炽热，本该直接进山谷避其锋芒，我却被山谷出口的沙堆吸引住了——那里足有数百只灰蝶群聚，还有几只粉蝶隐身其间。

让同伴们进路边亭子休息，我满心欢喜地走了过去。还有一些距离就驻足用长焦仔细研究灰蝶的种类，蝴蝶

离开景洪市区，进入纳板河流域国家级自然保护区

很多补光灯！没想到在日光强烈的版纳种植火龙果，还需要晚上补光

村民的屋后通向一个小峡谷

黑燕尾蚬蝶

果然是我想象的场景，在溪流和菜地之间的空地上，活跃着不少中小型蝴蝶。我把包一扔，就扑了过去。地面上停着一只黑燕尾蚬蝶，它反面暗褐色，白色宽带贯穿前后翅，臀角附近的黄斑纹很好看。

附近有水龙头，拍完这只后，我接了一盆水把空地全部浇湿，然后进了小山谷。里面没有明显的步道，勉强走了百多米，见到好几种螳螂，有蝴蝶在空中掠过，我没发现明显的适合蝴蝶群聚的点位。

回到空地附近，发现蒸发的水汽发挥作用了，蝴蝶较之前数量至少翻番。我来回扫描，蝴蝶以前几天拍到过的为主，一只白翅尖粉蝶还算不错，可惜已残。

锁定了其中的一只盛蛱蝶，它后翅反面的眼斑附近有蓝灰色，感觉和我多次拍到的黄豹盛蛱蝶有区别，会不会是花豹盛蛱蝶？后者我虽然见过一次，却没拍到照片。很快确认是它，它只顾吮吸，对外界无动于衷，

花豹盛蛱蝶

我拍到照片不费吹灰之力。

盛蛱蝶属中的散纹盛蛱蝶城市里也常见，它的反面没明显的斑纹。重庆山里，另外比较容易见到的是黄豹盛蛱蝶、星豹盛蛱蝶，反面都有着不同的豹纹斑。眼前的花豹，熟悉中又带着一些陌生，越看越有意思。

接着，我放弃了其他目标，专心追踪一只品相极佳的珍灰蝶，因为一直有风从山谷吹出，就想拍它极夸张的尾突在空中摇曳的样子。它是想停在地面吸水的，在我不断的干扰下，它气呼呼地拉高停到草叶上。这正是我想要的，赶紧蹲下去拍了一组，还真拍到了我想要的画面。

珍灰蝶

我到向导家和大家碰了个头，商量好饭后去一处林缘，村民说那里的蝴蝶是最多的。

饭前，我们在寨子里走了走，想看看其他区域有些什么。沿着溪沟蝴蝶较多，其他地方也有蝴蝶散落。我目击到近 20 多种蝴蝶，金裳凤蝶飞得很高，只能看看，我拍到黄裳眼蛱蝶、金斑蝶、蒙链荫眼蝶等等，比较感兴趣的还有豆粒银线灰蝶和尖角灰蝶，前者颜值高，后者比较少见。

我一边走，一边评估了一下，其实在寨子里不同时段这样刷一圈，一天下来也会收获不小，真是宝藏级的观蝶地点。

吃饭时，才知道老冯安排得非常细心，他叫来的一位亲戚，是厨艺高手，还准备好了食材。我胃口大开，吃得大饱。又喝了向导家的生普，茶也意外地好，和熟悉的勐宋茶有相同的韵致，也有细微的区别。我和他商量了一下，把他自己留着喝的毛茶分了点，买好打包。

蒙链荫眼蝶

豆粒银线灰蝶

尖角灰蝶

沿独木桥进入密林

同行的人说，有美食，有好茶，还有好景致，不看蝴蝶都赚了。

“那可不行，看蝴蝶才最最要紧。”我翻了个白眼，站了起来。大家笑罢，一起下楼上车。

开出村口，往右转弯，沿着开阔山谷的一侧继续进山。土路，很窄，幸好仍在旱季尾巴，路一点也不滑。我小心地跟着向导的摩托车，紧盯前方，连飞过车窗前的蝴蝶都不敢细看。开了三四公里，山谷收窄，前面竟是庞大的原始森林。停好车后，须接连走几处独木桥才能进沟。

在沟前左右看了看，我连声赞叹，这真是旱季观蝶的绝佳区域。正面是森林出口，溪流在这一带形成了几处水洼的泥滩，最下层的泥滩如同宽阔的水田。侧面则有一宽阔且深的水渠绕行，烈日下蝴蝶也会喜欢进去的。像是为了印证我的赞叹，当走到泥滩靠近森林一侧时，眼前出现了好几只蝴蝶。重点是，这几只和寨子里的蝴蝶都不同，仿佛我们进

帅蛱蝶

入了一个完全不同的世界。

两只黑黄相间的蛱蝶在水渠上空打闹，有时还翻滚成花，一时看不出种类。闹腾了一阵，其中一只停在了蕨类的叶子上，另一只则转向往森林方向飞走了。

我绕到那堆蕨类的侧上方，远远拍了一张，才认出是帅蛱蝶。看来是两只帅蛱蝶的雄性在争夺小领地，因为此种蝴蝶的雌性正面可是浑身紫黑色，风格似黑布修女。

有点不可思议。帅蛱蝶一年一代，出现于6—8月，我的野外记录也在此区间，为什么会出现在这么早的4月里呢?

我们继续过独木桥，进入山谷。山谷才真正是另一个世界，阳光经过森林的过滤，只有一些碎片洒落在身上，森林里凉爽，四周能见度很高。一路走，看到了钩粉蝶、美凤蝶、枯叶蛱蝶，灰蝶更是四处乱窜，可惜

迷蛱蝶

迷蛱蝶

树林里没有很好的拍摄机会。

虽是旱季，森林里小道却十分潮湿，无法久待，站久了甚至可能有旱蚂蟥上身。而森林外的泥滩开阔，烈日下同样不可停留。

“你们先回车边，找荫凉处休息。”在我的催促下，其他人陆续离开了。我放下双肩包，把出森林时专门打湿的皮肤服脱下顶在头上，双袖在颈下挽个结。做好防护后，我准备用 40 分钟快速完成对这里的全面搜索，争取不漏过一只好蝴蝶。

离我最近的是一只迷蛱蝶，此蝶平时警惕性极高，很难拍摄，拍到反面都不容易。换上焦段为 100-400mm 镜头，很顺利地拍了。迷蛱蝶的反面，银白色配赭黄色纹实在迷人。我一边拍一边忍不住赞叹。

在灰蝶群里，发现了一只细灰蝶，在版纳我还是首次见到此种。靠近的时候，脚步似乎惊起了一只蝴蝶，它在空中闪烁了一下黄黑相间的图案就不见了，飘忽而又迷幻。这可不是帅蛱蝶，我连叫可惜，要是起身靠近灰蝶前仔细一点，多看看，也许就不会错过了。

细灰蝶

景宏彩蝉

拍好细灰蝶后，我原地站起，四处张望，却又见到一只黄黑相间的蝴蝶在远处降落，酷似刚才那只。我爬回到高处的路面，蹑手蹑脚地朝那边走。让我意外的是，明明是它的落脚处，我走到附近后，却一只蝴蝶也没见到。

这厮还能凭空蒸发？我不甘心地反复用目光搜索，还真让我找了出来并差点笑出了声——在两块石头的夹缝里，一只黄黑相间的小蝉正舒服地吸着潮湿的泥土，一动不动。原来，刚才我惊动的是这种蝉，而不是蝴蝶。

发现是蝉后，我在泥地里找到了更多同类，足足有七八只，看着很像某种斑蝉，只是身体略纤长些。后来请教到这个类群的分类学家，确认是景宏彩蝉。

整个泥滩搜索完后，我把目光转向了另一边深深的水渠。最先被发现的是两只鹤顶粉蝶，然后在壁上发现了硕大的斜带环蝶，都是万人迷的蝴蝶，只是站在路上的我没有好的拍摄角度。但我的好运气似乎用完了，在下到沟里的过程中，它们都陆续惊飞，没获得满意的照片。

我顺势在沟底慢慢向前走，让人郁闷的事情又出现了，后面惊起的几只蝴蝶停留到高处，让沟里的我望洋兴叹，同样没有好的拍摄角度。

唯一友好的是一只莱灰蝶，我在布朗山时见过此种，当时的遗憾是没拍到正面。这一次，被惊起的它，在阳光下略略摊开翅膀，我终于看到了它耀眼的蓝斑。

40 分钟很快就过去了，在拍完一只绿凤蝶的时候，全身发热，汗如雨下，我不敢再恋战，转身提起双肩包，向停车处快步走去。

莱灰蝶露出耀眼的蓝斑

勐仑的奇遇

一

勐腊县勐仑镇，中科院西双版纳热带植物园的所在地，植物园里就有 250 平方千米的热带雨林，更有罗梭江、翻醒河和南哈河三条河流的加持，说它是自然爱好者的天堂也不为过。

我曾 15 次在勐仑镇考察，其中 11 次进入植物园，园内徒步夜观 7 次，尽享此间奇迹，有时一边走，一边忍不住想，要是世界就是一个无边无际的植物园该多好。

热带植物园的奇异植物，太容易让人迷失，我这个狂热的昆虫爱好者，前两次进园虽然只看了西区，但收入镜头里的全是让人叹为观止的奇花异草，从昆虫迷到植物迷，这样的“沦陷”也算得上美好。

2007 年夏天，作了心理建设我才进了植物园（就是连说三遍“我是为蝴蝶来的”），在西区观赏植物之余，总算能兼顾拍摄蝴蝶了。当晚，我从大量植物照片里，找出了十来种昆虫的照片，其中蝴蝶只有三种：美凤蝶、巴黎翠凤蝶、孔子黄室弄蝶。都是常见蝴蝶，完全没有体现出植物园这一宝藏级蝴蝶观赏点的实力。

当然，这并不是说它们不惊艳。我记得很清楚，下午即将去镇上时，已上车的我，发现一只美凤蝶雌蝶掠过眼前，想都没想就跟了过去。我跟了 30 多米，它在一株朱槿树上停住，时间仿佛也在那刻短暂停住，整个植物园只有眼前这朱颈黑裳、白裙飘飘的灵动舞姿，其余皆是茫茫空白。

也是在那一瞬间，我开始了第二遍心理建设——再来植物园，除了没见过的植物，只拍昆虫，特别是蝴蝶。

两年后，夏天的一个傍晚我又入住植物园。饭前散步时，有雨点落下，大家都往宾馆走，我独自打了伞继续闲逛，不知不觉就走到了现在的藤本园那一带。

看不到蝴蝶，但昆虫很多。最让我惊讶的奇观是——上百只伊锥同蝽挤在一片悬挂的叶子上，叶面叶背都有。仔细观察的话，还能发现一些腹部红红的若虫也在其中。

早晨，我在强烈的阳光中惊醒，想到身处梦幻般的植物园，竟有一种不真实的感觉。早餐后，背上包就往南药园方向走，我记得曾在那里看到浅水洼，应有蝴蝶。

空气中弥漫着草木的清香，蜻蜓们在园区上空巡飞，使君子藤主打的花境十分完美，只是没有蝴蝶。

美凤蝶

巴黎翠凤蝶

孔子黄室弄蝶

蓝凤蝶幼虫

伊锥同蝽

当然，也不能说没有。蝴蝶幼虫就有一只，它惟妙惟肖地模拟了一团新鲜鸟粪，甚至让你隔屏都能有那黏稠的感觉。才艺都是千万年来被天敌逼出来的，它也没有别的选择。

我歪着头想了想，转身往昨天傍晚的位置走去，那是附属设施和观赏区的过渡地带，游人少，杂灌多，会不会反而对寻蝶有利？

真的是另外一番景象——空中蝶翅闪耀，路面和路边灌木都有蝴蝶起落。蝴蝶对荒野的迷恋，真是深藏在骨头里的。

当行人快要踩到的一片枯叶时，它突然展开并飞了起来，露出正面鲜艳的赭色。枯叶蝶吗？我慌忙跟了过去。眼见它在不远处的草叶上停下来、竖起身子，不由暗喜。

很像枯叶，但又透着一丝说不出的古怪。我靠近观赏后，有点诧异——它反面的“叶脉”并没有贯穿整片“叶子”，而是在到达顶角前右折收住。像是一个画家，画着画着被谁打了岔，就草草收场。这个细节让它的拟态偏离了轨道，看着就有点别扭。当然，对这一点，它自己是不知道的。

这是我与蠹叶蛱蝶的野外初见，以前看过标本，被平摊开的时候注

蠹叶蛱蝶

文蛱蝶（雌）

意不到这个特点。尽管也有虫孔、锈迹什么的，要说拟态枯叶，它整体上比枯叶蛱蝶还是略逊一筹。

在我贪婪地挨个记录别的蝴蝶时，从灌木后面惊起一只蓝灰色、有着宽阔白色带的蛱蝶，让其他同类暗淡无光。此蝶前翅白色带外缘方向有复杂的波纹，后翅后缘带褐色，两对眼斑炯炯有神。如果再仔细看的话，它的眼斑也不似别的蝶种那么潦草，灵动而又讲究，越看越有韵味。

此时，我还不知道它就是之前见过的文蛱蝶。文蛱蝶的雌蝶多型，比较常见的是褐色型，而蓝灰色型才是此种的极品，有着蓝宝石般的炫彩。我激动地追拍了十来分钟，终于获得一张略满意的照片。

这一波赏蝶的尾声，是出现了一只灵奇尖粉蝶，它后翅略残，但丝毫不影响观赏。个人觉得，灵奇尖粉蝶的灵奇之处，是它前翅顶角附近的黄色斑，如果没有露出此斑，照片总会差点什么。

越南星弄蝶

灵奇尖粉蝶

虽然住在植物园里，但此次是集体活动，还有其他工作。我个人的寻蝶时间并不充分。后面的一天多时间里，拍到的只有越南星弄蝶还算不错，杂虫倒是记录了不少。

除开前面大肆拍蝶的那个区域，我又找到一个好去处：百果园。百果园同别的园区不一样的是，地面总有些落果，它们散发的香味很吸引蝴蝶。有些果树分泌树汁，蝴蝶很好这一口。

我第一次去的时候，没有思想准备，脚步过于莽撞，惊飞了一只吃树汁的黄色蛱蝶，感觉很陌生。

最后一天，我基本把能用的一点时间用来反复刷百果园。上午那趟，就在同一个位置拍到那只黄色蛱蝶。朝阳里的它，反面的银色鳞粉没那么显眼，正面的色斑反而透了过来。直到很多年后，我才查出它是一种较罕见的冷门蝴蝶——爻蛱蝶。

爻蛱蝶

下午再去，只有一些常见蝴蝶。我远远路过一处灌木时，见一只小黄蝴蝶在里面扑腾，有点像被蛛网困在空中了。过去一看，不是蝴蝶，也没有网：一只东方丽沫蝉被锡金仙猫蛛咬住腹部，挣扎得越来越轻。

这个角落不在我搜寻线路上，拍完猎杀场面后，又在背后的大树上看见一只漂亮的蝉，黑翅白带，体型大得惊人，竟是中国最大的蝉——白笃蝉。

2012年的旱季，我和老友、昆虫分类学家张巍巍到植物园联系工作，到达当天就在西区夜观，他的眼光很毒，总能发现隐藏得很好的家伙。那是一次精彩无比的夜间徒步，其中部分内容我写成了一篇笔记，收入《雨林秘境》（昆虫之美系列）中。

次日一早，我就在园区里独自来来回回，旱季里的植物园蝴蝶稀少，只有南药园的水洼边有蝶影闪动。

杨桃

黄猄蚁

带花蚤

锡金仙猫蛛捕捉东方丽沫蝉

白笃蝉

幸运辘蛱蝶

那一天，游客很多，蝴蝶刚停落就被人们的脚步惊起，无法安心吃水。我认出其中的幸运辘蛱蝶后，在那里蹲守了很久，才拍到一张稍清晰的照片。好多年前我在野象谷见过此种蝴蝶，同样无法靠近。它太敏感了，只要附近有游人，就躲进树冠不下来。

在等幸运辘蛱蝶的时间里，像是一种消遣，我不厌其烦地拍摄紫蓝丽盾蝽。它浑身上下都闪耀着金属光泽，有如阳光中的七彩钻石，是众人喜欢的明星昆虫。其实拍摄它很不容易，它的背板反光，一不小心就会局部过曝。反正要等蝴蝶，就有时间尝试各种角度和参数，我感觉一块电池都消耗在它身上了。

旱季的特点是蝴蝶虽少，但出现的往往不同寻常。此规律在这天应验了。晚饭前，我在百花园一角搜索，发现花朵里似乎卷着一只蛾子，正琢磨时，卷着的翅膀松开了，一只弄蝶慢慢从花心退了出来。

看清楚它的翅膀，我不由狂喜，这只咖啡色镶嵌半透明白斑的弄蝶，有着陌生而奇异的美。配色低调、奇崛，倒有点像褐钩凤蝶。那一瞬间，有一种不真实的感觉，这只蝴蝶像是虚拟出来的，不知为什么嵌入了这个平庸的傍晚。我发了一下呆，突然想起什么，才赶紧展开技术动作，不断按下快门。这是一只典型的热带蝴蝶，名叫希弄蝶。同属仅两种，还以此种颜值更高。

紫蓝丽盾蝽

晚上我们在东区找了个地方灯诱，但效果很差，于是张巍巍的一位朋友带我们去看兰花，说有些种类夜间

希弄蝶

初开，状态最好。拍了十几种兰花，我最喜欢三褶虾脊兰，有点像白色小人在空中摇晃，很可爱的样子。

除了这几次，我还尝试过，在西双版纳最冷的 11 月在园区里寻蝶。

其实，寻蝶效果和季节有关，和当天的天气更是有关。我们是阳光明媚的傍晚入住的，但次日就一直阴雨，只好改变计划，挨个去看我偏爱的奇异植物，比如巨花马兜铃等。

下午 4 点后，天气开始放晴，我提着相机就往藤本园跑，总觉得那个区域既在河边又杂灌丰富，应该藏有好蝶。

正在竹林里和几种眼蝶斗智斗勇时，电话响了，一个在百花园跑步的同行者，说那边出现了一种姿色鲜艳的粉蝶。

三褶虾脊兰

巨花马兜铃

我当时就有点纠结。这个季节鲜艳的粉蝶，大概率是报喜斑粉蝶，正是它的季节，我在几个园区都目击过。而竹林里的眼蝶，似乎有我未曾记录的种类或者没见过的色型。

很奇怪的是，脑海深处有一个坚定的声音在回荡：快去，快去。有一种连自己都觉得奇怪的兴奋劲上来了，我拔腿就朝百花园跑。路过了灿如云霞的美丽异木棉，路过了如黄云堆砌的腊肠树，几分钟后就跑到了同伴所说的位置。

在一簇高挑的兔耳山壳骨之上，几只斑粉蝶正在访花，我一边张大嘴喘气，一边紧盯着它们看。接着就呆住了——前翅黑底白纹，后翅的黑底几乎被黄斑覆盖，最奇特的是，它的后翅肩部有一长卵形红斑。酷似我在书上见过的奥古斑粉蝶，却又多一红色领章，这是啥呀？

白蛾蜡蝉

一对交配中的红肩斑粉蝶

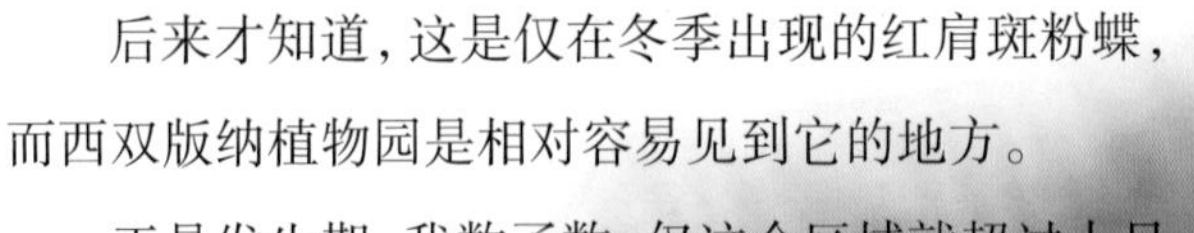

顾不得多想，狂喜中的我举起相机一阵狂拍。

后来才知道，这是仅在冬季出现的红肩斑粉蝶，而西双版纳植物园是相对容易见到它的地方。

正是发生期，我数了数，仅这个区域就超过十只，其中一对在草丛上从容交配。

红肩斑粉蝶

二

帕维鬣蝉

以勐仑镇为出发点的野外考察，印象最深的有三次，其中一次是和张巍巍去往曼燕村，已经写成一篇笔记并发表，所以现在谈谈另外两次。

2005 年 4 月，炎热的旱季，我为了寻访红翅尖粉蝶，从景洪出发，已经分别跑了基诺山、橄榄坝、野象谷等地，在一路扑空后入住勐仑。

那时互联网的资讯非常有限，一张被翻阅得快被磨破的旅游地图成了我唯一的参考。在小旅馆里，借着昏黄的灯光，我的手指一边在上面摸索着附近的溪河，一边思考着如何用好出行的最后两天。

我把赌注押在了 219 国道勐仑至橄榄坝之间的一个区域，乘公共汽车经过那里时，发现溪谷深邃，古木森森，颇有热带雨林气象。

公共汽车是否愿意在那里为我停靠，是最令人担心的问题。从地图上，我看到一个名叫雨林谷的景点，眼前一亮，掏出手机打了一通电话四处咨询。雨林谷运营公司的人很热情，说早晨可以来旅店门口接我，行李带上，可存放在景区大门，结束完一天工作后，我可以从那里直接坐公共汽车回景洪。这方案很体贴、很专业。

8 点多，我们就到了雨林谷，阳光还没有把沟谷照亮，清凉的风中，我们沿着步道慢慢登山。有蝴蝶在树梢上起落，我不时仰着脸望望，仿佛那是理想，而身边的昆虫是我的现实，两者之间有着十多米的距离。几个小时里，我记录了很多小可爱，却一只蝴蝶也没拍到。

正午前，我拍好一只蝉后（后来鉴定为帕维鬣蝉），就快步走出景区，彻底放弃了林中寻蝶的想法。还是到有泥沙滩的溪边去吧，早上过来的时候，其实已经看好了两处。

往橄榄坝方向走了一阵，我找到一条小道，似乎可以下到溪边。

一个干涸的水塘，对面角落里有粉蝶群，迁粉蝶为主，也有黑脉园粉蝶和菜粉蝶不时乱入。看了一会儿，确认没有别的蝴蝶，我就转身回到小道上，继续下行。

终于走到一处平台，这里有一个废弃的窝棚，却再也没有路下去了。但空地附近蝴蝶很多。美凤蝶的雄性，反面翅基上的红纹是它们的族徽，正面有如涂满蓝色的金属粉末，非常抢眼。我放弃了同在这里逗留的宽带凤蝶和玉带凤蝶，专心追拍美凤蝶。

拍好后，正准备转身离去，空中却有一只蛱蝶飘落在正前方。这只“送货上门”的蛱蝶前翅顶角弯曲如钩，前后翅都有浅色带，后翅的尤其宽阔。这是我与裙蛱蝶属的初遇，总共只有几十秒钟时间。刚按几下快门，它就从我的镜头里消失了，和出现时一样突然。和蝴蝶打交道，这倒是常态。

水塘一角的蝶群

美凤蝶

美凤蝶

回到景区大门，对面是一个山茅野菜馆。点完菜，才发现其实餐馆旁边就有一条路可以下到溪边，而且隐约可以看到小路尽头蝴蝶纷飞。

反正要等炒菜，不如先下去。饥肠辘辘的我吞了一下口水，又把摄影包背了起来。

两只蛱蝶正在阳光下享受晚年，它们残破的翅膀上有整个冬天的经历。犹豫了一下，我还是认真地拍了起来，毕竟，看上去它们都很陌生。

那只特别残的棕色蛱蝶，闪了一下翅膀，露出正面后缘的蓝色带，让我哑然一笑，原来是见过多次的小豹律蛱蝶，没有想到它的反面竟是这样。

另一种是真的陌生，感觉是翠蛱蝶属的，却没有任何头绪。很多年后，手里的资料多了，我才查出是暗斑翠蛱蝶的雌性。

继续往下走，一只全新的新月带蛱蝶是那里的主角——它前翅的白色斑在腹部略有分开，犹如被云朵遮住的弯月，而中室的暗红色斑点则增加了夜空的神秘。

黄裙蛱蝶

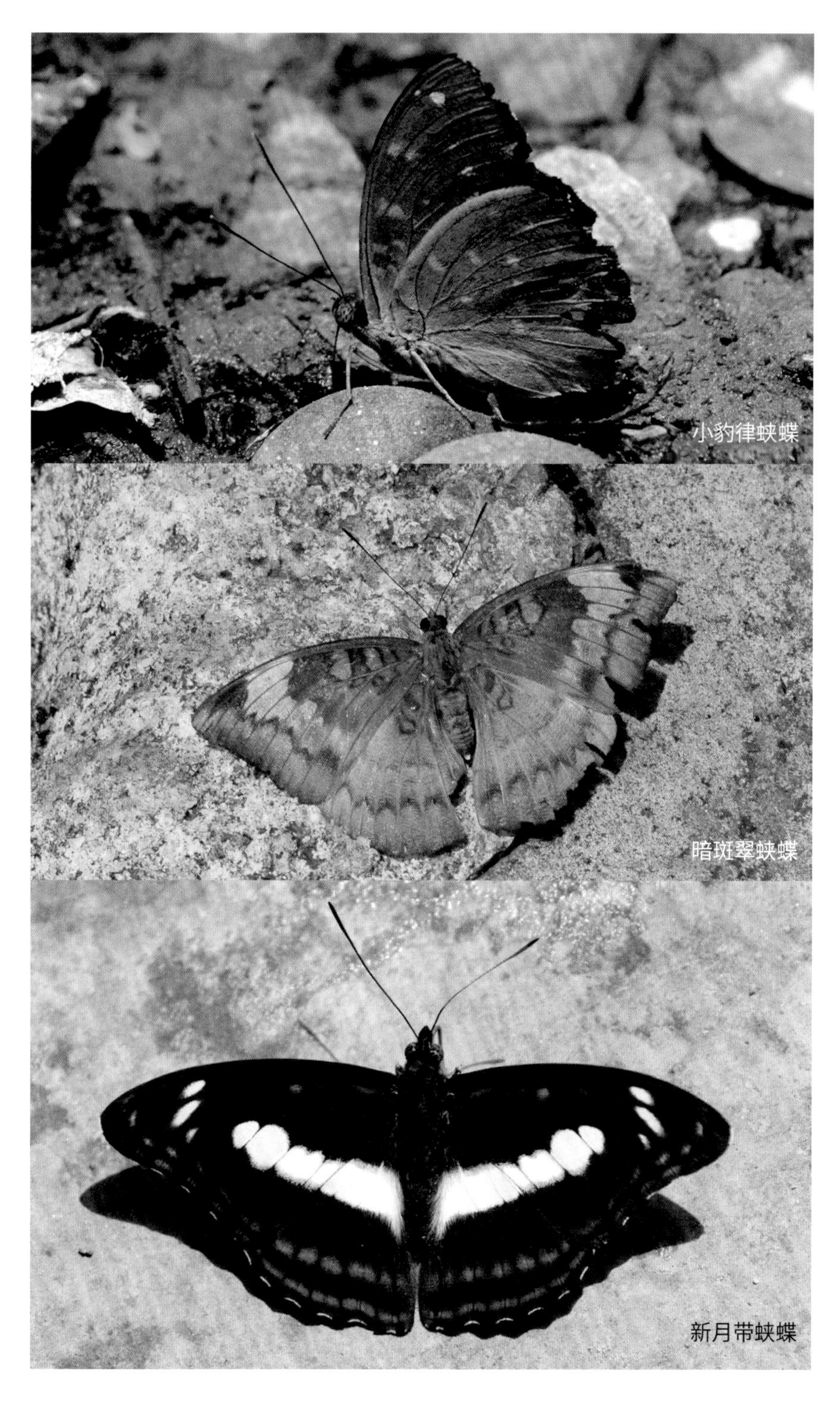
小豹律蛱蝶
暗斑翠蛱蝶
新月带蛱蝶

黄斑蕉弄蝶

这厮少年气盛，敏感异常，不像那两只老蝴蝶容易接近，总在我按下快门前飞走。足足折腾了七八分钟，才获得一张清晰的照片。

小道另一头，店主伸头喊吃饭了，我草草拍了另一只环蛱蝶，才跑回去。

吃完饭，满血复活，重回溪边，蛱蝶们竟然都不见了。草丛没膝深处，我看见一对娜拉波灰蝶在安静交配。看不清楚草丛里的情况，不敢进去，野外有蛇，不可不防，我只远拍了几下。

这条接近干涸的溪的下游似乎汇入了一条小河，我踮起脚看了看，下面更宽阔，很可能有蝶群。只是两岸俱是乱石，无路可行。

刚被饭前寻蝶的意外收获鼓舞起来的我，士气高涨，决然向下游走去。

石头堆很松，有时踩上一脚还会带来小崩塌。我小心翼翼，先试踩几下，感觉结实才把重心移上去。这样费力地走了十多分钟，我有惊无

卡环蛱蝶

娜拉波灰蝶

险地走出这个区域，想到一会儿还要原路返回，不由得深深叹了口气。

又前行一阵，再拐弯，眼前景象为之一变，竟是宽阔的河滩。小溪从这里汇入河流，形成了类似大河入海口的三角形滩区。这个三角形区域并不平整，由几个纵向的土沟构成。

走到最大的土沟边缘，我往下一看，整个人都惊呆了，一脸的难以置信——足足有上百只蝴蝶在下面安静吃水，直把沙地变成了白绿色的地毯。我很快就反应过来了，外面烈日，里面却荫凉又潮湿，这环境对旱季的蝴蝶太有吸引力了。

最靠近上方的碎石区，被几群迁粉蝶霸占，蝶群的外缘还分散着吸水的蝉。而平顺的沟底，则沿着水迹铺满了蝴蝶，它们共同组成了一条蜿蜒的彩带。

此时，一只粉蝶起飞，换了个地方再落下，露出了带黑纹的橙红色，正是我苦苦寻找的红翅尖粉蝶。数了一下，超过 10 只。

迁粉蝶群

迁粉蝶

红翅尖粉蝶群

红翅尖粉蝶

绕行一大圈，从这条沟的下方进入，我毫不费力地接近了红翅尖粉蝶最密集的区域，顾不得太多，我缓缓坐下，屏住呼吸就按下了快门。

此蝶的反面是淡橙色，看上去比较平淡，多数时候，它灿烂的落日般的景象是收折起来的，飞起时才会泄露几分。

之前打听这种蝴蝶时，见过的人都说夏天才会出现，旱季从未见过。以眼前的情形来看，旱季它们只是躲在了潮湿、阴凉的地方，不四处访花而已。

拍完了，屁股下凉凉的，久坐的沙地上应该开始渗出水了，我却舍不得走，坐在原地继续观赏。这大半天，经历的奇迹很多，但唯有此时此刻才是巅峰。

离开前，我在谷里慢慢扫视，不想错过混在迁粉蝶里的其他种类。谨慎总是有必要的，后来发现，一只个头略小的就不是迁粉蝶，而是玕黄粉蝶。

玕黄粉蝶

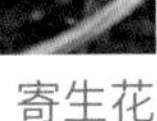

寄生花

我在马来西亚拍摄的大王花

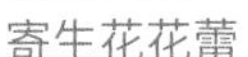

寄生花花蕾

渐次开过的寄生花群

时间到了 2019 年 12 月，我在勐海县曼稿子保护区外缘寻蝶，一无所获。按计划，两天后要去勐仑镇，我还想重访若干年前的雨林谷附近的溪谷旧地，是不是干脆提前去呢？于是给植物园的植物学家朱仁斌发了个消息。他建议我提前一天去，因为次日要带人去看寄生花。

寄生花！我突然想起，半个月前网上疯传他拍的一个寄生花开花的视频，原来仍在花期中。

次日上午，我们在昆磨高速勐远下道处会合，两台车一前一后往山里开，道路崎岖，车摇摇晃晃的，有些路段还要下车察看一番才敢通过。

一小时后，我们翻越了一座野山，前方变得开阔，车在路边停住了。左边是农地，右边是林缘，大家顺着一个雨沟往里走，约两百米后停住了。

“还有正在开的。”朱仁斌探头往右侧察看了一下，说道。

顺着他察看的方向，我略略低头，就从灌木树叶的下方，看到地面上有一红色花朵，没有叶，没有藤，像一个小脸盆直接放在地上，这算得上是中国最神奇的花了。

它比我在马来西亚见过的大王花小多了，花瓣更多更尖，似乎也更鲜艳。寄生花和大王花同属大花草科，但不同属。寄生花属仅此一种，相当孤独。我觉得其实应该叫它小王花更准确，大花草科的物种哪一个不是寄生的？

大家分散开后，又找到更多的花朵和花苞，这种植物寄生于某类植物的根部，无需枝叶，只顾直接开花。

找到一朵正开放的，我凑近闻了一下，没有任何臭味。朱仁斌笑着解释道，此花只有傍晚才发出臭味，可能针对的是傍晚方至的昆虫。散发臭味也是一种资源消耗，此花资源管理得挺好啊。

可能是天阴的原因，这半天我没看到一只蝴蝶，本来这座野山生态挺好的。

入住植物园的王莲酒店后，我到藤本区转了转，看到两种外形很接近的蝴蝶，一种是较少见到的暗裙蛱蝶，另一种是褐裙玳蛱蝶，不仔细对比还真看不出差异。

园区里蝴蝶比较少，另外看到的蝴蝶是很常见的睇暮眼蝶，它混在落叶堆里，不仔细看很难发现。

暗裙蛱蝶（雌）

褐裙玳蛱蝶（雄）

睇暮眼蝶

三

2012 年以前，植物园的东区只有沟谷雨林，绿石林还没开放。

还记得 2007 年第一次去沟谷雨林的情景，走过吊桥，我越走越惊讶，没有想到植物园里还有保存得如此完好的原始森林。特别是大板根，这棵高大的四数木在地面延伸出翼状结构，像墙像屏风拱卫四周。

那是我打定主意重点拍昆虫的一天，在入口处的空地上，就和一只螯蛱蝶纠缠了很久。它受到惊扰就往前窜几步，并不起飞。刚蹲下的我，只好起身靠近再蹲下。此时它又会窜出几步，时机把握得恰到好处。如此反复，看得同行者直摇头："拍这只蝴蝶太费膝盖了。"

这个空地上，总是有蝴蝶，积累起来，我在那一带拍到十多种蝴蝶，

螯蛱蝶

除了大型的宽带凤蝶、玉斑凤蝶，还有小型的黑边裙弄蝶、细灰蝶等等，没有特别珍稀的，可能珍稀蝴蝶更不喜人来人往的热闹。

就在大板根旁的草丛里，我找到一只甲蝇，大家都围过来观赏。虽然是蝇，却有着类似甲虫的硬壳，所以视觉上很怪异，有点外星生物的气质。不过，甲蝇并没有真正的鞘翅，它的小盾片特别发达，向后延伸出了类似鞘翅的结构。

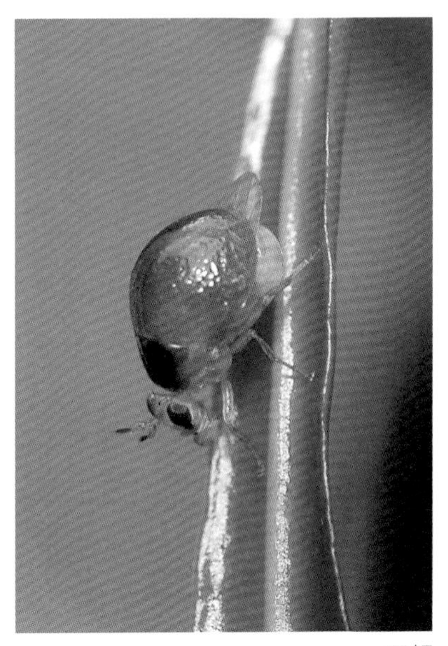
甲蝇

黑边裙弄蝶

金蟠蛱蝶

金裳凤蝶

大板根是我初遇金蟠蛱蝶的地方，只是当时对蝴蝶不够熟悉，不以为意地顺便拍了下，以为是散纹盛蛱蝶。

我认对认错，对蝴蝶来说都是一样的，它只是不耐烦地飞到了更高的树枝上，再不下来。

从大板根，可以拐进一条科研小道，伴溪而行，一路都有研究人员的装置。这条路非常美妙，有水声，有参天大树，蝴蝶和蜻蜓都很多。

牢牢记下了这条路，我后来每次到植物园，都会来走一走。在这条路上记录了很多昆虫，观赏性强的有卷象、多恩乌蜢等等（如果带上小朋友，这条路可以走上一小时，几步就会有可以讲一讲的昆虫）。有时，藤条上会有扩腹达荔蝽或别的椿象成对交配，更高的树枝上，会悬挂着金裳凤蝶或别的蝴蝶。

卷象

多恩乌蜢

扩腹达荔蝽

暗裙蛱蝶

要说在这条路上初遇的蝴蝶，印象最深的就是斜带环蝶了。

还记得那是5月的一个下午，我们在大板根旁一边喝水，一边观赏这位参天的老朋友时，我兴奋地和大家聊起当天所拍的蝴蝶。

一位年轻的植物园工作人员路过，听到几句，就驻足对我说："这条路上有一只很大的蝴蝶，不记得名字了，好像是只有在我们植物园容易见到的，很珍贵。"

这时，大家已起身准备往外走了。我说了句"你们先慢慢走，我来追你们"，拔腿就往里面跑。

一边跑一边想，刚才也进去过一次，为什么没发现她所描述的蝴蝶？

到了年轻工作人员所说的路段后，我放慢了脚步，慢慢搜索过去，并没有任何发现。走出200多米后，转身，原路搜索而回。我走得更慢，目光来回扫描的次数也更多，终于，在落叶堆里发现了她所说的蝴蝶。

斜带环蝶偏爱落叶堆

它比我在植物园里拍到过的串珠环蝶体形更大，正是云南的明星蝴蝶斜带环蝶。它前翅反面有宽阔的白色带，正面展开时为斜带。后翅有两个犀利的眼斑，和我在南美见过的猫头鹰环蝶的一对眼斑类似。虽然鲜艳，在同样斑斓的落叶里却很不显眼，这是我刚才没有找到它的原因。

足足拍了十来分钟，我才心满意足地起身，快步向外面跑，去追同伴。这个过程中，我的拍摄一点也没打扰到它，真是“傻大个”，碰到翅膀都不飞的家伙，怪不得除了植物园，其他地方不容易看到它。

2023 年 5 月，想着已有 3 年没到沟谷雨林，我就安排出整整一天时间过来寻蝶。

10 点，拍过一只略残的雄性暗裙蛱蝶后，我过吊桥往大板根方向走了一段，然后向左拐进一条小道。

以我的经验，这条小道比大板根那条科研小道更容易看到斜带环蝶。它穿过一个无名山谷，然后上山顶进入林区，虽然也是游客步道，但是

雨林沟谷的步道

花少又有上坡，走的人很少，渐渐成为工作人员专用通道。

雨季时，这条小道会变成小溪或水洼，只有梅花桩似的水泥柱会露出来成为路面。眼下是旱季之末，铺满谷底的潮湿落叶，散发着浓烈的略略发霉的木头味。

“不要踩落叶，不要离开路面，小心蛇！”我一边叮嘱同伴，一边沿途慢慢观察着落叶。

才走几分钟，前方的落叶堆里就出现了此行的目标蝶——斜带环蝶，它蹲在一张卷起的落叶上，把喙伸向前方的潮湿叶子并来回拖动，仿佛它是一根灵活的小拖把。

蝴蝶的喙并不是一根密封的管子，而是布满了细孔，这样当它插入液体或在物体表面拖动的时候，就会透过这些细孔，产生毛细管作用（大气压会自动挤压液体或微粒，让它们沿着细管上升）。潮湿会放大毛细管作用，吸食起来更加容易，而即使在干燥环境里，蝴蝶仍然可以吸食它所需要的微粒。吸只是一个比喻，一个形象的说法，事实上，蝴蝶那小小的脑袋里并没有一个能提供动力的泵。

接着，我又找到一只斜带环蝶，它可能早已吃饱，只是选择了一处

逆光中的斜带环蝶

有阳光的地方发呆。阳光穿过它的翅膀，露出了一些正面的色斑。

要是它能平摊开翅膀，让我看看正面就好了。我这样想着，就在那里站了很久，它直到飞走都没有平摊开翅膀的意思。环蝶真的不爱打开翅膀，我就一次也没遇到过。

就一天的寻蝶来说，已经是梦幻般的开局了。我在谷底这段步道上，观察陆续出现的弄蝶、灰蝶，确认种类后继续往前走，沿着前方的石梯步拾级而上。

一团蓝光掠过前面的路面，往下一顿，就消失在右侧的灌木里。异型紫斑蝶？先想到的是它，但似乎此蝶的正面的蓝斑比较分散，不会产生一团的感觉。

它那突然一顿的动作，应该是收起了翅膀。也就是说，这只蝴蝶一定是在灌木下面停住了。我放轻脚步，探头探脑地往右前方寻去，却什么也没有。

不甘心的我，再靠近两步，重新搜索，这次看见它了。一只棕褐色的大蝴蝶，停在一片枯叶上，仿佛自己也是一片枯叶，难怪很难被发现。它后翅有两个眼斑，一开一闭，闭着的带一个小缺口，开着的深色部分也有一个小缺口。

我的心怦怦直跳——竟这样毫不费力地偶遇一只完整的紫斑环蝶。

此蝶与我缘分颇深。

2000 年，我在贵州荔波的小七孔旅游，和同伴们坐在休息区喝茶，突然见远处石壁上蓝光闪烁，仿佛电焊时会有的幽蓝光芒，我心中诧异，不禁走过去察看，却是一只翅膀略残的蝴蝶安静地停在石壁上。光线太暗，我打开闪光拍了一张照片。这是我拍到的第一只蝴蝶。奇怪的是，后来

紫斑环蝶

四处上传照片，却没人认识它，直到几年后，我才在一本蝴蝶图鉴上查到它是紫斑环蝶，翅的正面有醒目的蓝色斑，在阳光下非常耀眼。

正是在打破砂锅问到底查询此蝶的过程中，我逐渐发现了蝴蝶的迷人之处，继而兴趣从蝴蝶扩展到昆虫，再到各种野外的动植物，走上了漫长的野外考察之路。

但是，在野外我再也没见过它。直到2023年，我才在基诺山雨林徒步时两次偶遇，都比我在荔波见过的更残破，更没有拍摄机会。

没想到，此时终于见到它最新鲜的样子。我在石梯上坐下来，侧着头细细观察，那个闭合的眼斑，竟和风靡全球的日本游戏“吃豆人”中的大嘴怪一模一样。据说岩谷彻设计黄色大嘴怪形象是受到缺失一块的披萨的启发。那蝶翅上的这个大嘴怪，灵感来自何处？

看到等着拍摄的同伴，我才不舍地轻轻起身，继续往山上走。

石梯走完后，小路出现了分岔，向左继续上山，向右下行，要经过干涸的溪沟。我毫不犹豫地选择了右行，山上估计也就是一些眼蝶了，树冠上倒是有蝴蝶，但也最多有仰头看看的机会。

在一簇姜科植物上方，活跃着几只灰蝶，反面是我从未见过的图案，可惜无法接近。在那里等了一阵，发现有一只飞到树枝上停定，而树枝非常接近来时走过的步道。

我拔腿就往回跑，“空军”飞几秒，“陆军”跑断腿，还真是这样，我左转右转，往上跑回那段步道时，已气喘吁吁，好在灰蝶仍保持着一动不动。它反面的斑纹看着熟悉又透着陌生，一时看不出是什么灰蝶。

好在现在有网络了，发出去就有蝶友回复就是锡冷雅灰蝶。锡冷雅灰蝶多型，我在布朗山拍到的是旱季型白纹偏浅，此为湿季型白纹明显。据说还有偏棕色的色型，希望也有机会在野外看到。

时间已近中午，大板根都还没去呢，那条科研小道我是不肯错过的。下到山脚，看到大家围着一棵树拍个不停，我伸头去看，是一只变色树蜥在那里发呆。

好运气似乎就在上午用完了，这天的下午，我只拍到植物园的常客绿裙玳蛱蝶，它随处可见，好在观赏性也不弱，很耐看。

锡冷雅灰蝶

绿裙玳蛱蝶

四

绿石林是植物园中一个神奇的存在。对喜欢刷花的人来说，绿石林不仅花少，还要爬山，体力付出与观赏所得不成正比。那么，适合观蝶吗？去过的蝶友也反应不一，得不到众口一致的推荐。

我曾四刷绿石林，越到后面越喜欢，也慢慢发现一些特点：绿石林是版纳比较难得的石山，生境特殊，物种和其他区域有一定差异；缺乏较开阔的空地和溪流，旱季观蝶不容易；自然系统保护极好，综合考察价值高；栈道穿梭林间，适合观赏树冠活动的蝴蝶及其他昆虫。总之，不管你是去看什么，它都是一个有难度也有特点的高价值目的地，需要你的专业和耐心。

选我的一次刷山经历来讲一下吧。

2018 年，和同伴中午前到过植物园，准备早点在王莲酒店用餐后去东区绿石林。饭前有 20 分钟自由活动时间，我熟练地钻进了旁边的荫生植物园，除了丰富的兰科植物，这个园子在其他方面也从未让我失望，有时是蜻蜓，有时是蜥蜴，更多的时候是蝴蝶。

这次，刚走几步，就见一只褐色的蛱蝶在姜科植物的花上大吃大喝。看着像绿裙玳蛱蝶的雌蝶，右前翅顶略残，我心里是准备放弃的——植物园里此货太多了，但多年野外训练出的每见必拍的习惯，让我还是认真按下了相机快门。

一周后的一个晚上，重新审视版纳之行的照片，我暗自庆幸，幸好拍了，酷似绿裙玳蛱蝶的它，其实是褐裙玳蛱蝶。前者前翅的那列灰白斑至第三个明显缩成小斑，而后者基本保持着整列的连贯。褐裙玳蛱蝶仅分布于云南，在植物园里我也只见过这一次。

褐裙玳蛱蝶（雌）

一个多小时后，我们已开始谈笑风生地爬山。我不断地掉队，又快速追赶大家。先是在入口处拍摄蝴蝶，后面是不时双手伸出栏杆拍摄昆虫。进入雨季后，这条栈道简直是观察昆虫的佳境，每走几步，就能看到各种奇奇怪怪的小可爱，半翅目直翅目的若虫极多。

落叶上面，白蚁的大军队伍长达数米，它们无声地从下面的树丛转移向上面的岩石区。如果你贴近它们，会听到微弱却密集的脚步声，仿佛有细沙在不停地撒向落叶。

白蚁

空气的湿度突破临界值，这重要信息也被叶子上的猎蝽卵群准确采集，它们的盖子被陆续掀开，半透明的若虫

椿象若虫

蜡蝉若虫

蜡蝉若虫军团

离斑棉红蝽

纷纷爬出，开始一生的旅程。

绿石林的每一处，都有生命故事在从容展开，在我所在的区域，舞台中心的主角是一些蜡蝉的若虫（我倾向于它们是白蛾蜡蝉）。它们尾部如孔雀开屏绽放朵朵白花，有的在藤条上缓慢爬着，有的密集挤在一起宛如尚未消融的积雪。

看到人家的后代已经铺天盖地，一对离斑棉红蝽赶紧进入交配环节，生命是基因传递的漫长接力赛，它们可不想链条断裂在自己这里。

穿过半翅目昆虫的幼儿园后，终于进入了蝴蝶时间。我发现一只躲在灌木下层的玛灰蝶，我直接坐在栈道上拍摄起来。

一个同伴见我很兴奋的样子，伸头过来一看，就撇撇嘴离开了：“这么丑，有啥值得拍的。”

玛灰蝶

燕灰蝶

我有点替玛灰蝶感到委屈，正面挺漂亮的，但不是谁都能看到。

过了一会儿，从挤在一起吃鸟粪的灰蝶里，又发现一只燕灰蝶。我小心伸手，想把它前面的波灰蝶拨开，意外发生了，这只胆大的燕灰蝶竟然跳到我的手指上，舒服地品尝起上面的汗液来。

我的手背特别容易出汗，经常湿漉漉的，所以蝴蝶上手是常有的事。

燕灰蝶属中，最容易见到的是全国广为分布的东亚燕灰蝶等，燕灰蝶仅生活于热带，我还是在绿石林初遇。此蝶后翅反面靠近尾部，暗色带纹反折，看上去像带着细白边的“W”字形，算是很直观的分类特点。

栈道的栏杆上，也常常停着蝴蝶，比停在地面时似乎警觉得多，连续错过了好几只蛱蝶后，我才拍到一只长尾褐蚬蝶，但仅此一例。后面栏杆上的，都距离很远就开溜了，而且基本往树冠方向高高拉起飞走。

其他昆虫就容易多了，我在栏杆和附近的枝叶上拍到不少。有些平

长尾褐蚬蝶

蝗螨

长角象

坦处无栏杆，可以走出去和灌木草丛亲密接触，这算是额外的福利。一只触角远远超过身体长度的长角象，就是这样被发现的，很多年前在海南五指山见到类似的，至今不明白它为什么需要这么长的触角。

不知不觉，两个多小时的刷山就结束了。

感觉兴犹未尽，我又从出口步行下山，在溪流附近找到一开阔而又潮湿的区域，虽然不像旱季那样出现蝶群，但远比其他区域蝴蝶多。

逆光中，拍到一只安迪黄粉蝶，是我的野外初见。没有游客路过，无打扰，就算其他蝴蝶，如钩翅眼蛱蝶、幻紫斑蛱蝶，也能拍得更从容，都拍到了比较满意的照片。

钩翅眼蛱蝶

幻紫斑蛱蝶

安迪黄粉蝶

晚上，来到绿石林夜观，其实我是想着这里的栈道接近树冠，有可能见到休息的蝴蝶。没敢独自爬山，就在入口处和最近的栈道上走走，搜索了一个小时，没发现蝴蝶，但拍到了一只少见的草蛉，后来鉴定为八斑绢草蛉，据说这张照片是此种唯一的生态照片，也算略有收获。

返程时，我只顾看栏杆外的枝叶，不小心碰到路上一个奇怪的拦网，导致它发生倾斜。打着手电看了下，似乎不是捕虫用的，网袋里也没有任何东西。这个装置还有些讲究，我试了试，无法完全还原，附近也无人可问，只好继续往出口走去。

此时，出口处有些小热闹，几个姑娘在那里忙碌。走近后，我吃了一惊，她们竟然人手一只蝙蝠并热烈讨论着。拦网就是她们捕捉蝙蝠用的。

八斑绢草蛉

我赶紧道歉，说碰到了拦网没能完全还原。一位看着像是领头的姑娘笑着说没事，一会儿就要去察看，顺便检查。低头看她们手里的蝙蝠，一对招风耳，形似猪头，和我以前在重庆四面山拍过的类似，应该是某种菊头蝠。

见我看得仔细，一位姑娘高高举起一只，让我拍摄。

“这猪头好丑！”我一边拍一边嘀咕了一声。

旁边另一个姑娘笑了：“换个角度就好看啦！”一边说，一边让猪头转过去再把双翅一拉。

果然，立即好看多了。

姑娘捉出一只蝙蝠让我照相

转个方向看是这样

本书完成后，张巍巍、孙文浩、蒋卓衡先生为本书部分涉及物种进行了鉴定把关，一并致谢。